Das Buch
Tiere sind für Menschen beliebte zwei- bis vielbeinige Begleiter. Sie leisten uns Gesellschaft, bringen uns zum Lachen oder eben zum Weinen. Eins ist klar: Nach diesem Buch werden Sie einen ganz anderen Blick auf Ihre felligen, fedrigen oder schuppigen Freunde haben. Die Autorin dieses Buches ist sich sicher, dass tierische Begegnungen im Laufe unseres Lebens kein Zufall sind. In detailreichen und realen Geschichten aus ihrer eigenen Vergangenheit wird das ziemlich deutlich. In jedem Wort und in jeder Zeile kann man – wenn man sie persönlich kennt – die Autorin Diana Krause „herauslesen", was das Geschriebene als absolut authentisch auszeichnet. Aber Tierfreunde werden dieses Buch aus einem anderen Grund lieben: Es sind Geschichten, in denen wir uns vielleicht auch immer wieder selbst finden und erkennen, welche besondere Rolle ein Tier in unserer eigenen Biografie gespielt hat.

Die Autorin
Allerlei Gedanken und Geschichten spuken Diana Krause schon seit ihrer Kindheit durch den Kopf. Die Kaltenbergerin schreibt diese auch immer wieder auf. Mit „Katzenvogel" bringt sie ihr erstes Buch heraus und schreibt bereits das Zweite. Neben dem Schreiben kann sie ihre kreative Schaffenskraft auch in farbgewaltigen Bildern zum Ausdruck bringen. Auf der Bühne überzeugt sie als spielwütige Schauspielerin beim Improvisationstheater. Und in der restlichen Zeit? Na, da kümmert sie sich natürlich hingebungsvoll um ihre Katzen und ihre Enkel.

Diana Krause

Katzenvogel

xlibri

© 2021 Diana Krause

Umschlag und Fotos: Reinhard und Diana Krause
Internet und Kontakt: diana-krause-kaltenberg.com

Produktion: xlibri.de
Druck: Schaltungsdienst Lange Berlin

ISBN: 978-3-946307-25-9

Danke

Über fünf Jahre schrieb ich an diesem Buch.
Solch ein Werk entwickelt sich ständig und dieser Prozess ähnelt dem eines Bildhauers, der erst grobe Stücke aus dem Holz schlägt, bis sich nach und nach immer mehr Konturen zeigen. Man raspelt hier und da ein wenig und zu guter Letzt ist man beim Feinschliff angelangt.
Folgende Menschen haben sehr dazu beigetragen, dass sich der literarische Faltenwurf, vor allem was die äußere Form angeht, so ausgefeilt darstellt.

Dimo
Thomas Metschl
Martin Welzel
Karin Maretzky

Für den Rest können sie nichts, denn ich kann sehr beratungsresistent sein und trotz guten Zuredens auf Dingen beharren, von denen mir abgeraten wird.

Vielen Dank auch an meine Probeleser für eure konstruktive Kritik.

Einige der Personen im Text sind aus Gründen des Persönlichkeitsschutzes anonymisiert, ebenso die Namen vieler Tiere, aus denen man auf deren Halter schließen könnte.

Kapitel

1 – Vorwort

Ich habe, wie jeder Mensch, sehr viele Facetten.
Diese spiegeln sich deutlich in meiner verbalen Ausdrucksweise wider.
Mal bin ich sanft, mal aggressiv, mal leise und mal laut.

Gerne greife ich im Alltag auf Kraftausdrücke zurück, denn genau das ist es, was mir in dem Moment die Kraft gibt, Dinge auf den Punkt zu bringen.
Dieses Vorwort ist vielleicht eher ein Wink an den Leser, nicht sofort beim ersten ‚schlimmen‘ Wort die Flinte ins Korn zu werfen. In diesem Buch beschreibe ich mein Leben mit ebendieser Ausdrucksweise, mit der ich es auch sonst lebe.
Menschen, die mich kennen, wissen, dass es mich in meiner Komplexität nur so gibt. Allerdings gebe ich zu, schon einige Personen mit dieser Art, besonders bei Erstbegegnungen, vor den Kopf gestoßen zu haben.
Die meisten davon revidieren ihr Urteil nach einer Weile.
Allen kann man es ohnehin nicht recht machen…

Außerdem ist mir Heuchelei ein Graus!
Grausamste Tötungsrituale werden in unzähligen Krimis im Detail dargestellt – Schmerzen, Angst, Leid aufs Ausführlichste beschrieben. Ja, das ist erlaubt!
Waffenbesitz ist in Ländern rechtmäßig, in denen Menschen ausflippen, wenn der Brustnippel einer Frau den BH verlässt und neugierig in die Welt lugt.
Ist das nicht unverhältnismäßig und gleichzeitig erstaunlich?

Indessen ist das kleine, im Grunde fruchtbare Wörtchen ‚Scheiße‘ sowie ein paar seiner Wortkollegen von einer solchen Harmlosigkeit, dass mir der geneigte Leser sicher den ein oder anderen Fäkalakzent verzeihen wird.

Ach ja!
Bevor ich es vergesse, möchte ich mit folgenden Worten, die ich bei der von mir hochgeschätzten Vera F. Birkenbihl entliehen habe, auf etwas hinweisen:

Meine individuellen Ansichten werden den einen ansprechen und den anderen nicht.

Seht das Ganze doch als Warenangebot im Supermarkt an und lasst die Artikel, die euch nicht gefallen, einfach kommentarlos im Regal liegen.

Es kann nicht jeder alles mögen.

Gott sei Dank!

2 – Am Anfang war das Tier

Von Kindheit an begeistere ich mich für nahezu alle Tiere. Große und kleine, pelzige, gefiederte, kuschelige, stachelige – mit Hufen, Flossen oder Pfoten. Das Repertoire an tierischen Freunden ist umfangreich und ich wuchs mit allen möglichen Kameraden auf. Katzen, Hunde, Vögel, Nagetiere und ein Pferd begleiteten meinen Weg.

Auch die Kühe der benachbarten Bauern waren vor mir nicht sicher. Meist fand man mich in einem der Kuhställe, wenn ich wieder ausgebüxt war, natürlich ohne Bescheid zu sagen, dass ich mich vom elterlichen Gefilde entfernen würde. Danach roch ich fabelhaft nach ‚Eau de Kuhlogne‘. Allerdings empfand einzig ich diesen Duft großartig.

Ein gelegentlich auftauchender Wanderzirkus wirkte ebenfalls sehr attraktiv mit seinen Ponys, Lamas, Hängebauchschweinen oder gar Würgeschlangen. Magnetisch zog es mich nach der Schule dorthin. Ich konnte einfach nicht widerstehen und das bereits in der ersten Klasse. Darüber vergaß ich vollkommen die Zeit und tauchte selbstverständlich nicht zum Mittagessen daheim auf. Zielsicher wurde ich an diesem meinem Wohlfühlort aufgespürt und eher mehr als weniger gewaltsam von dort entfernt. Die Zirkuswoche war somit nur bei mir beliebt.

Als Kind meinte ich sogar, ich selbst wäre ein Pferd. Wiehernd galoppierte ich durch die Welt und ging meiner Familie im wahrsten Sinne des Wortes tierisch auf den Keks, weil ich beim Essen das Besteck verweigerte – mit der schlüssigen Anmerkung, Pferde würden ja auch keines benutzen. In den Italienurlauben schlürfte ich die Spaghetti direkt aus dem Teller und am Strand lief ich nur auf allen Vieren rum, mit rollenden Augen wie ein wilder Mustang und lauthals Pferdegeräusche ausstoßend. Mit mir konnte nicht der übliche Kleinmädchenstaat abgezogen werden. Nein, man schämte sich ein bisschen für mich.

Zu meiner Firmung wünschte ich mir einen Tag auf dem Ponyhof und diesen Wunsch erfüllte mir meine herzensgute Patin. Es war ein unübertreffliches Ereignis.

Meinem Vater rang ich sogar einen Vertrag ab, mit dem er sich verpflichtete, mir nach einem beendeten Tiermedizinstudium zwei Pferde (sie sind ja Herdentiere) zu schenken. Den Plan für Stall und Koppel hatte ich schon mit zehn Jahren sorgfältig ausgearbeitet.

So war es meine große Sehnsucht, Tierärztin zu werden, den tierischen Wesen hilfreich zur Seite zu stehen und natürlich an die von Papa versprochenen Rösser zu kommen.

Abgesehen vom späteren Notendurchschnitt führte bereits in der fünften Klasse Gymnasium ein einschneidendes Erlebnis auf dem winterlichen Schulweiher zu der Erkenntnis, dass der angestrebte Lebensplan, Tierärztin zu werden, deutlich zu überdenken wäre.

Der zugefrorene Teich, in dessen Mitte sich eine kleine Insel befand, wurde auf der einen Seite von Eishockey spielenden Burschen eingenommen, auf der anderen von mehr oder weniger eleganten Eisprinzessinnen. Für mich waren es die allerersten Steh- und Gehversuche auf Schlittschuhen. Meine Karriere als Eisläuferin begann zaghaft und würde bereits eine halbe Stunde später abrupt enden. Über ein paar hoffnungslose Stolperversuche sollte ich nie mehr hinauskommen.

Während ich – mehr schlecht als recht – vor mich hin schlitterte, ließ uns Mädchen unversehens ein klägliches Gejammer innehalten. Es tönte erst leise von der Eishockeyseite herüber, wurde aber zunehmend lauter und gipfelte zuletzt in dem verzweifelten Gebrüll eines Mitschülers: „Ich will nicht blind werden!"

Erschrocken erblickte ich den armen Kerl, wie Blut über sein Gesicht und ein Auge strömte und von dort auf seine Jacke tropfte. Was für ein Anblick! Beim Spiel wurde er von einem übereifrigen Gegner mit dem Eishockeyschläger an der Stirn getroffen. Gott sei Dank war es nur eine Platzwunde, was wir zu dem Zeitpunkt natürlich noch nicht wussten, es sah also viel schlimmer aus, als es wirklich war.

Doch der Anblick der roten Suppe auf dem Gesicht meines Klassenkameraden in Verbindung mit dem inbrünstigen Bittgesuch, sein Augenlicht nicht zu verlieren, war zuviel für meine empfindsame und feinsinnige Kinderseele. Mir wurde furchtbar schlecht, ich stolperte zurück zum Ufer und umarmte den ersten Baum in der Hoffnung, er möge mich stützen und halten. Leider tat er es nicht und ich fiel ins bodenlose Dunkel meiner ersten Ohnmacht. Wie lange dieser Zustand anhielt, entzieht sich meiner Erinnerung.

Bald darauf meldete sich meine innere Instanz, die den ersehnten tierärztlichen Werdegang auf den Prüfstand stellte. Vielleicht würde tatsächlich
mal ein blutendes Tier in meine Praxis gebracht. Den Tatsachen ins Auge
sehend, wäre es unzweckmäßig, wenn mir während der Behandlung der
Grund unter den Füßen entschwinden würde – für Tier, Tierhalter und
Tierarzt eine äußerst unschöne Situation. Mein gut gemeinter, allerdings
kindlicher Helferdrang, allen Tieren beizustehen, wurde durch dieses
Erlebnis auf den blutigen Boden der Realität zurückgeworfen.
Bis heute kann ich große klaffende Wunden, Operationen oder sickerndes
Blut so gut wie nicht sehen – weder im wirklichen Leben, noch in Filmen.
Auch beim Blutabnehmen drehe ich den Kopf weg und kneife dabei meine
Augen fest zu, was auch daran liegt, dass ich große Schwierigkeiten habe
zu sehen, wie eine spitze Nadel durch unversehrte Haut sticht.
Ein Vermerk auf dem Praxisschild ,Eiter ja / Blut nein' oder ,Gesund-
streicheln statt Wunden nähen' wäre auch wenig hilfreich gewesen.
Von Kastrationen oder Amputationen ganz zu schweigen. Infolgedessen
wurde nach der frühzeitig gescheiterten Eislaufkarriere der Traum, eine
Veterinärmedizinerin zu werden, ebenso in die ewigen Jagdgründe ver-
bannt. Natürlich waren auch die hart ausgehandelten Pferde meines Vaters
somit hinfällig. Allerdings hatte er eher damit gerechnet, dass ich nicht
zum Studium zugelassen würde, respektive mich überhaupt zu einem
Studium durchringen könne, als mit dem Fakt, dass ich schlichtweg ein
Blut- und Nadelproblem habe. Mein Vater war Steinbock und nüchterner
Geschäftsmann. Er wusste die Risiken abzuwägen.
Später schloss ich eine Ausbildung zur Reiseverkehrskauffrau ab, wohl
mehr aus Versehen.
Trotz des veränderten Berufsbildes blieb die Liebe zu den Tieren natürlich
bestehen.
Mit Affen kann ich jedoch bis heute nicht viel anfangen. Vor allem Schim-
pansen werden nie zu meinen Lieblingstieren zählen. Vermutlich liegt es
daran, dass sie so viele Ähnlichkeiten mit Menschen haben.

Aber Pferde!
Diese majestätischen, wilden, mitunter einschüchternden, aber auch ver-
trauensvollen Kameraden haben mein Leben beeinflusst. Ich dachte ja
lange, ich wäre selbst eins.

Und Katzen! Ja, Katzen!
Das sind für mich die wahren Lebenskünstler, Lebensmeister und Lebensbegleiter.
Seit ich fühlen kann, haben diese geschmeidigen, geduldigen, renitenten, liebenswürdigen und zuweilen sperrigen Charakterdarsteller ihre Auftritte auf meiner Lebensbühne.
Besonders ist dieses Buch dem wundervollen und weisen Kater Sepp geschuldet, der mir in einem Traum erschien und auftrug, es zu schreiben.

Vor allem von diesen Wesen soll diese Lektüre handeln genau wie von ein paar anderen Geschöpfen, die es verdient haben, erwähnt oder sogar mit einem ganzen Kapitel bedacht zu werden.

3 – Tote, fiktive und lebendige Begleiter

Geboren in den Sechzigern wuchs ich im ländlichen Oberbayern auf. Die Welt war, wie man so schön sagt, in Ordnung. Wir Kinder spielten draußen und übermotivierte Helikoptereltern gab es noch nicht. Zugegeben, in meinem Fall hätte ich mir ab und an etwas mehr Aufmerksamkeit und Interesse seitens meiner Eltern gewünscht.
Meine beiden Geschwister sind sechs und zehn Jahre älter als ich. Sie empfanden es mitunter als peinlich, sich um den Nesthaken kümmern zu müssen, da meine Eltern ein Lebensmittelgeschäft führten, um das sie sich vorrangig kümmerten. Außerdem hatte mein Vater noch einen Eier- und Geflügelgroßhandel.
Ein drittes Kind läuft da eher nebenbei mit und ist zwangsläufig viel sich selbst überlassen.

Folgende Geschichte, die auch meine Schwester Ela bestätigt, wurde mir von einer damaligen Angestellten unserer Eltern übermittelt. Meine eigene Erinnerung an dieses Erlebnis gibt es leider – oder vielleicht auch Gott sei Dank – nicht mehr. Möglicherweise rührt mein Bluttrauma auch daher…
Zu dem Zeitpunkt muss ich etwa vier Jahre alt gewesen sein. Wie gesagt, mein Vater handelte mit Geflügel und in der Anfangszeit mit erst mal lebendigem. Dass dieses nicht totgestreichelt wird, ist allgemein bekannt. Obwohl ihm diese Prozedur der Umschreibung von Totstreicheln offensichtlich unliebsam war, es half ja nichts. Wenn Weihnachten ein Ganserl im Rohr schmurgeln sollte, konnte man dieses ja nicht lebend in den Herd schieben.
Mein Vater und bereits sein Vater waren unglaubliche Tierliebhaber, trotz des ‚um die Ecke Bringens'. Die drei Kühe dieses Großvaters, der bereits geraume Zeit vor meiner Geburt starb, brachten die sahnigste Milch von allen Kühen der Gegend in den Melkeimer. Das nur zur Erklärung, dass Tierliebe nicht nur eine verantwortungsvolle, artgerechte Haltung verlangt, sondern auch mit einem würdevollen Umgang des Tötens einhergehen sollte, wenn man das überhaupt so nennen kann. Auch ich bin kein Vegetarier, leider. Ich habe die Fleischfresserblutgruppe Null. Wenn ich einen Viehtransporter sehe, könnte ich heulen und wenn ich kein Fleisch bekomme auch. Schizophren!

Jedenfalls soll Papa auf die für Braten oder Frikassee vorgesehenen Feder-
tiere noch beruhigend eingeredet haben – mit den Worten, dass es gleich
vorbei wäre.

Ein Spruch, den ich nie vergessen werde, ist:
„Quäle nie ein Tier zum Scherz, denn es fühlt wie du den Schmerz".
Dieses Mantra hat er mir sehr eindringlich mit auf meinen Lebensweg
gegeben.
Bei ihm hatten Tiere, auch die essbaren, immer eine besondere Stellung. Bei mir hatten selbst Teile von Tieren eine besondere Stellung. So
schnappte ich mir nach der unliebsamen Prozedur die abgetrennten Köpfe
von Gans, Ente und Huhn und legte diese bedächtig in einer Reihe auf den
Gehwegplatten im Garten aus. Jedem einzelnen gab ich wohl Zuspruch
und auch mit Streicheleinheiten für die Köpfchen habe ich nicht gespart!
Sehr sorgsam und zärtlich soll ich gewesen sein und ganz versunken in
mein Tun. Sogar Namen habe ich den Häuptern gegeben.

Aus gegenwärtiger Sicht mag das befremdlich klingen, in den Sechzigern war das einfach so. Man ließ Kinder und Jugendliche mehr alleine
machen. Das gehörte zur Freiheit des Handelns in dieser Zeit. Leider ging
bis heute ziemlich viel von der damaligen, selbstverständlichen Ungebun-
denheit verloren, was ich ausgesprochen schade finde.

Was für ein Glück, dass ich von diesen Umständen noch nichts wusste.
Viel wichtiger war es für mich, meine heiß geliebten Langspielplatten (für
die jüngeren Leser, LP = Vorläufer von CD) anzuhören. Absoluter Favorit meiner überschaubaren ‚Mediathek' war das Dschungelbuch als Kin-
derhörspiel. Mit fünf Jahren außerdem mein erster, und für weitere zehn
Jahre auch vorerst letzter Kinobesuch, der mich nachhaltig beeindruckte.
Die Musik war für mich ein überwältigendes Erlebnis und die tierischen
Hauptdarsteller grandios. Es war berückend, in diese geheimnisvolle
Dschungelwelt einzutauchen. Eine weitere Platte handelte von einem sanften, achtsamen Elefanten, der sich klingende Glöckchen um seine Füße
band. So konnten sich kleine Tiere, die er aufgrund seiner Größe nicht
sehen konnte, beizeiten vor ihm in Sicherheit bringen, solange er durch
den Wald lief. Dieser Elefant imponierte mir sehr. Leider ist mir der Titel
der Geschichte entfallen.

Fernsehen war natürlich auch schon Thema.

Lassie, Fury, Flipper und Co.

Oder auch Western wie Rauchende Colts, Die Leute von der Shiloh Ranch und vor allem Bonanza. Ich liebte Little Joe mit seinem schwarz-weiß gescheckten Pferd. Von der Handlung eines Western verstand ich nichts, aber die Pferde waren großartig. Eines Tages bekam ich tatsächlich Little Joe samt Pferd im Kleinformat aus Kunststoff geschenkt. Das war etwas ganz besonderes. Leider verpasste mein kindlicher Entdeckerdrang dem bedauernswerten Tier mittels Lupe und Sonne einen hässlichen Brandfleck auf die weiße Kruppe.

Noch schöner war es natürlich, mit einem leibhaftigen Ross Kontakt zu haben. Es gab einen Bauern namens Xaver in unmittelbarer Nachbarschaft, der ab und an mit einem (geliehenen) Pferd aufs Feld fuhr. Der gutmütige Schimmel hieß Bobby und war nach damaligem Standard ein Ackergaul. Für mich war er jedoch eine kleine Offenbarung. In der sommerlichen Hitze durfte ich mit nackten Beinchen auf seinem breiten Rücken sitze. Ich genoss diese seltenen Erlebnisse in vollen Zügen.

Xaver hatte drei Kühe (wie einst mein Großvater väterlicherseits) und als ich etwas älter war, konnte ich auch bei der Geburt eines Kälbchens zuschauen. Sogar einen Namen durfte ich dem Kuhmädchen geben, es wurde auf mein Geheiß Schneckerl getauft, weil es so lockiges Haar hatte. Ein Riesenwunsch von mir war, mit Schneckerl spazieren gehen zu dürfen. Sogar der wurde mir erfüllt. Der Landwirt testete zuerst, ob sie einigermaßen halterführig war. Dann übergab er mir den Strick und marschierte tatsächlich hinter Schneckerl und mir her. Das Kalb machte kleine Luftsprünge vor Freude und ich war stolz wie Bolle. Wer darf schon mit einer kleinen Kuh promenieren.

Posthum noch ein großer Dank an Xaver!

Gegenüber gab es einen weiteren Bauernhof, der um die zwanzig Kühe hatte. Einige Namen sind mir heute noch präsent wie Pia, Pille und Maja. Kälber gab es auch und sogar den Gemeindestier Eltus. Da wurden mit Vorstellungskraft die Hornviecher zu anmutigen Fohlen, stolzen Zuchtstuten und einem rühmlichen Zuchthengst upgegradet, um es mal neudeutsch zu sagen. Wir spielten einfach Gestüt mit den ‚edlen Rössern'.

Das war eine lebendige und unbeschwerte Zeit.

Die Hofkinder und ich waren etwa im selben Alter. Außer Gestüt spielten wir auch Tarzan, wofür sich der Heustock besonders gut eignete. Statt an Lianen schwangen wir an Stricken durch den Stadel. Der Anblick von Purzelbäumen und ungesicherten Sprüngen ins lose Heu würde jeder Helikoptermutter von heute die Rotorblätter falten und ihren Übermutterflug zum jähen Absturz bringen.

So durften wir Dorfkinder viele eigene Erfahrungen sammeln, positive und negative. Das nennt man dann Erfahrungswert. Keinen Wert hat es dagegen, wenn man den lieben Kleinen alles abnimmt – angefangen vom Schulweg bis zum Abitur. Bei einer Fünf in Erdkunde wird schon mal der Advokat eingeschaltet. Sicher war es ein Formfehler, der zur schlechten Benotung führte. Manchmal hat der Zögling aber einfach nix gelernt. Warum ich das weiß? Aus eigener Erfahrung. Für das Erdkundeabi hatte ich auch nicht gelernt. Die Note dafür dürfte (siehe oben) bekannt sein. Ein Anwalt wurde nicht bemüht.

Es ist schon interessant, wie ich mich an diesem dürren Gerüst aus Kindheitserinnerungen entlanghangele. Die bleibenden Gerüstanker bestehen aus Erlebnissen mit Tieren. Bei den Erlebnissen mit Menschen wurden ein paar Anker aus der Fassade gerissen.

Eine verlässliche Freundin in dieser frühen Kindheit war Zenzi. Diese silbergrau getigerte Halbangorakatze war ein wunderschönes kuscheliges Wesen. Leider war sie auf einem Auge blind, dafür hörte sie umso besser zu, wenn mir ein menschliches Ohr fehlte und als Geschäftskind war das oft der Fall. Zenzi war sehr geduldig mit mir. Ich dankte es ihr damit, dass ich ihr Wochenbett über dem Eierlager nicht verriet. Dieser Platz war nur über eine schmale, steile Holzstiege zu erreichen. Zwischen alten Kartonagen hatte sie ihre Babys versteckt, nur mir zeigte sie diese Stelle. Sie erzählte meine Geheimnisse nicht weiter und ich nicht die ihren, das war unser Deal. Wir konnten uns aufeinander verlassen.

Zur selben Zeit lebte ein blauer Wellensittich namens Jacki bei uns, der mir spannende Geschichten aus der Südsee erzählte. Stundenlang hörte ich seinen Ausführungen zu.

Faktisch hatte ich als Kind das Gefühl, wie Dr. Doolittle mit den Tieren sprechen zu können. Die gleichnamige Zeichentrickserie zählte natürlich auch zu meinen TV- Favoriten.

Leider stürzte Jacki bei einem Freiflug in das volle Spülbecken der Küche. Ich erinnere mich noch an das Bild, wie ihn meine Mutter in den Händen hält, in ein Küchentuch eingewickelt wie eine Roulade, um ihn zu trocknen. Gott sei Dank hat er es überlebt.

Eine weitere Passion von mir war Schneckensammeln. Damals gab es noch haufenweise richtig fette Weinbergschnecken, von denen ich besonders begeistert war. Als Gefährt, sozusagen als Schneckenpost, benutzte ich einen kleinen Bollerwagen. Verzückt klaubte ich auf meinen Spaziergängen über die Wiesen ein, was ich an Schleimlingen fand. Mit Haus, ohne Gehäuse, große und kleine. Bis nach Hause brachte ich eine ganz schöne Menge mit. Die Tierchen hielten allerdings nicht viel von ihrem Zwangsumzug und flohen allesamt über Nacht aus dem nicht wirklich gesicherten Gefängnis. Demzufolge gab es in unserem Garten überdurchschnittlich viele Exemplare. Mit der einen oder anderen Schnecke hielt ich immer mal wieder ein Schwätzchen. Auch dieses Hobby teilten die restlichen Familienmitglieder nicht mit mir.

Irgendwie scheine ich selbst ein exotisches Tierchen (gewesen) zu sein. Heute umschreibe ich diesen Zustand mit Alien-Syndrom. Man ist nicht eins mit dem Umfeld. Es kommt immer mal wieder vor, dass ich mich an einem Ort, beziehungsweise unter Menschen befinde, und ich fühle, dass ich definitiv am falschen Platz oder fremd bin. Die Wellenlänge stimmt einfach nicht, was keine Wertung, sondern lediglich eine Feststellung ist. Heute, als Erwachsene, kann ich gehen, als Kind ist das nicht möglich. Nur die Flucht in Phantasiewelten bewahrt die Kinderseele vor Schlimmerem.

Als ich acht Jahre alt war, starb meine Mutter an Krebs. Es ist fast grotesk, dass sie an einer Krankheit starb, die einen Tiernamen trägt. Sie wurde nur einundvierzig Jahre alt. Dieses Leben hatte mir ein paar heftige Lektionen auferlegt. Ein unerschütterlicher Optimismus ist mir trotz allem zu eigen.

4 – Bei den Großeltern

Mein Vater hatte mit den Geschäften so viel zu tun, dass es augenscheinlich das Beste war, mich zu meinen Großeltern zu geben, die im zwei Kilometer entfernten Nachbardorf wohnten. Bevor meine Mutter starb, war sie
schon über ein Jahr schwer krank und hatte zahlreiche Krankenhausauf-
enthalte hinter sich. Während dieser Zeit war ich bereits überwiegend bei
Oma und Opa, den Eltern meiner Mutter. So war es nach ihrem Tod keine
Umstellung für mich, dauerhaft dort zu wohnen. Mein Bruder blieb mit
seinen achtzehn Jahren beim Vater und meine vierzehnjährige Schwester
pendelte hin und her. Von einer ganz normalen Familie im üblichen Sinne
konnte man somit nicht mehr sprechen. Man muss dazu sagen, dass meine
Großeltern Jahrgang 1912 und 1913 waren. Geboren vor dem ersten Weltkrieg und mittendrin im zweiten Weltkrieg, das hinterlässt Spuren. Anno
1920 erblickte mein Vater das Licht der Welt und war elf Jahre älter als
meine Mutter. Dafür war der Altersunterschied zu seinen Schwiegereltern
relativ gering. Auch er erlebte den zweiten Weltkrieg mit allen Konsequenzen – inklusive fünf Jahre Kriegsgefangenschaft. Das nur zum Verständnis, dass einige Dinge bei mir anders abliefen als bei Freunden, die junge,
moderne Eltern hatten.
Meine Oma hatte den frühen Tod ihrer Tochter nie verwunden. Nicht
einmal auf Mamas Beerdigung konnte sie gehen. Mit den Worten: „Du
bleibst daheim und passt auf die Oma auf!", wurde mir vom Rest der
Familie viel Verantwortung auf meine achtjährigen Schultern geladen. Es
würde Jahrzehnte dauern, mich davon zu befreien.

Bei den Großeltern zu wohnen hatte – zugegeben – zwei enorme Vorzüge. Zum ersten konnte ich meiner handwerklichen Experimentierlust
verhältnismäßig freien Lauf lassen. Der Umgang mit Hammer und Nagel,
Holz und Säge oder Farbe und Pinsel wurde recht großzügig gestattet.
Ich liebte es, selbständig zu basteln und mein eigenes Werk hinterher in
Händen zu halten. In der ‚Hüttn' gab es eine kleine Werkstatt, in der man
diverse Dinge – in eine von mir hoch geschätzte Schraubzwinge – klem-
men konnte, um diese dann beispielsweise anzumalen oder einfach nur,
um sie zu verbiegen. Holz sägen, raspeln und feilen: All das war problemlos möglich.

Im Keller, der insgesamt aus drei Räumen bestand, die allesamt sehr niedrig und muffig waren, nistete ich mich im zweiten Abteil, dem Kartoffelkeller, ein. Eine umgedrehte Tischtennisplatte stellte ich auf leere Bierkästen. Diese Fläche bemalte ich mit Flüssen, Wiesen und Seen und platzierte auf dieser Landschaft meine kleinen Plastiktierchen, um sie von Weide zu Weide zu treiben. Es gab kleine Cowboys, Indianer und auch Farmer, die sich um meine Rinder- und Pferdeherden kümmern mussten. Dazwischen schlich sich der ein oder andere Exot wie Löwe, Elefant oder Nashorn ein.

Pferde aus Kunststoff gab es noch ein paar Nummern größer, so in Barbiepuppengröße etwa. Für diese bastelte ich im Garten aus einer ausgedienten, großen Hundehütte einen tadellosen Stall mit Heuraufen, Wassertränke und allem, was dazu gehört. Den alten Apfelbaum erleichterte ich um etliche Zweige, mit denen ich ordentlich eingezäunte Koppeln für meine Rösser baute.

Folgende Geschichte im Zusammenhang mit Pferden darf ich nicht unterschlagen.

Von diesen Plastikvierbeinern gab es zwei Kategorien, billige (von denen hatte ich einige) und Breyer Pferde (diese Sorte war rar gesät). Solch ein Modellpferd war etwas ganz Besonderes. Detailgetreue Nachbildungen verschiedenster Rassen und Abbilder von berühmten Renn- oder Springpferden hatten es mir und meiner Garmischer Freundin Lotti angetan. Zwischen Garmisch und meinem Vater herrschte reger Austausch, da er dort freitags Eier lieferte, vor allem an Konditoreien, Bäckereien und Hotels. Die Tochter einer dieser Kunden war eben Lotti. Bereits unsere Großväter waren ebenso wie unsere Väter und auch wir Mädchen miteinander befreundet. Mein Vater nahm mich ab und an in den großen Ferien mit, damit ich eine Woche bei Lotti bleiben konnte. Alle nannten uns ‚gspinnerte Weiber‘, da unser Pferdefimmel jedem auf den Senkel ging. Lotti hatte mehr schicke Breyer Pferde als ich. Ihre Eltern hatten wegen des Geschäfts auch sehr wenig Zeit für sie und sie versuchten zumindest, das mit diesen exquisiten Pferdekäufen auszugleichen. Im Gegensatz zu unserem Dorf gab es in Garmisch halt auch einen Spielzeugladen, in dem man solche Figuren überhaupt erwerben konnte. Dort entdeckte ich dann diesen prächtigen Quarter Horse Hengst, einen Fuchs-Schecken, der leider die damals beträchtliche Summe von siebenundzwanzig Deutschen

Mark kostete, über die ich sogleich nicht in bar verfügte. Papa spielte nach den Lieferungen immer ein paar Stunden Karten mit dem Vater und dem Onkel von Lotti und ich erzählte ihm überschwänglich von dem großartigen Pferd, das ich entdeckt hatte. Hoffnungsfreudig fragte ich ihn, ob er es mir kaufen wolle. Natürlich wollte er nicht.

Da ich so wild auf dieses Pferd war, dachte ich nicht ans Aufgeben dieses Traums. Leider war Lotti blank und so pumpte ich mir kurzerhand das Geld von ihrer älteren Schwester. Unbemerkt machten wir uns auf den Weg zum Spielzeugladen, um den tollen Hengst zu erwerben. Kurzerhand nannte ich ihn Flicka. Heute weiß ich, dass Flicka die schwedische Übersetzung für Mädchen ist, weswegen ich sicher einen anderen Namen wählen würde. Flicka versteckte ich in meinem Rucksack, denn ich wusste, dass der heimliche Kauf meinem moralischen Vater gar nicht recht war. Doch der hatte schon längst Lunte gerochen und Lottis Schwester ausgequetscht. Unter dessen gnadenlosem Verhör knickte sie unweigerlich ein und gestand alles.

Als ich mich zur Abfahrt bereit am Auto einfand, fragte er nach dem Pferd. Jetzt war mit meinem (bisweilen sehr gestrengen) Vater nicht zu spaßen und ich händigte ihm perplex meinen Neuerwerb aus. Demonstrativ warf er Flicka in eine große, graue Mülltonne, die im Hof stand. Fassungslos, mit Tränen in den Augen, stieg ich ins Auto, nicht ohne Lotti noch ein Zeichen zu geben, wo Flicka zu finden war.

Die Heimfahrt war schrecklich. Erst bekam ich den Anschiss meines Lebens, dass man sich wegen eines nutzlosen Plastikpferdes schon mal gar kein Geld zu leihen hatte und dazu noch heimlich. Das grenze ja schon an Verbrechertum. Zum bitteren Abschluss schüchterte er mich damit ein, dass ich von den Großeltern wieder weg müsse. Ansonsten war beklemmende Stille die einzige Begleiterin während der Heimfahrt. Diese Episode trug nicht besonders zu einem guten Vater-Tochter-Verhältnis bei und ich wurde richtig krank, mit hohem Fieber und allem Drum und Dran. Somit wurde das Thema mit dem Großelternentzug wieder fallen gelassen. Wahrscheinlich wurde meinem Vater klar, dass sich im Falle einer weiteren Erkrankung meinerseits kaum jemand um mich kümmern könnte.

Lotti hingegen war schlau, rettete Flicka vor dem Müllschicksal und schickte mir das Pferdchen mit der Post zu. Das Geld brauchte ich nicht abzusenden. Mein Vater hatte es Lottis Schwester sofort nach der Inquisition gegeben. Flicka habe ich noch heute und eine Menge anderer Breyer Pferde dazu. Zu meinem dreißigsten(!) Geburtstag gab ich eine große Party und da wünschte ich mir ausschließlich adäquate Pferdekollegen für Flicka. Ich freue mich nach wie vor an ihrem Anblick.

Zurück zu den Vorzügen bei Oma und Opa.
Der zweite, große Vorteil bei meinen Großeltern war die Möglichkeit, lebende Tiere zu halten. Zu dem Zeitpunkt, als ich bei ihnen ganz einzog, gab es nur zwei. Zum einen Omas schwarzen Pudel Charly und den schwarz-weißen Kater Bimbi. Charly war total auf Oma fixiert. Da konnte es schon mal passieren, dass er fremden Menschen, die Oma nur die Hand schütteln wollten, ruckzuck ins Wadl biss. Ich konnte mit ihm ganz gut umgehen. Er akzeptierte mich beim Gassi gehen auch als Rudelführer. Kater Bimbi war eher ein scheuer Geselle. Wenn er aber im Bad auf dem Wäschetrockner lag (mit elektrischen Geräten war meine Oma sehr fortschrittlich), liebte er es, gebürstet zu werden. Da hielt er genüsslich still und schnurrte sogar dazu. Auf den Schoß kam er jedoch nie. Der Kater war so alt wie ich und er würde das stolze Alter von neunzehn Jahren erreichen. Sein ganzes Leben bekam er nur Wasser und rohes Rindfleisch, eine Impfung hatte er nie gesehen und den Tierarzt nur bei der Kastration. Er war sehr groß und dicklich trotz ausschließlicher Fütterung mit rohem Rindfleisch. Nachdem sein Bruder mit einem halben Jahr vom Zug überfahren wurde, die Gleise waren nur dreißig Meter entfernt, verließ Bimbi nie mehr das Grundstück.

Besonders vom achten bis zum zehnten Lebensjahr fühlen sich meine Erinnerungen an, als lägen sie unter einer dicken, watteartigen Wolkenschicht. Ab und zu taucht mal ein klarer Betrachtungsfetzen auf. Doch meist ist der Erinnerungshimmel bewölkt und ich bin immer erstaunt, was mir andere Menschen über diese Zeit von mir berichten beziehungsweise, woran diese sich erinnern können. Meine Erstkommunion beispielsweise ist vollkommen gelöscht. Nichts, niente, nada.

Deswegen weiß ich auch nicht mehr, wann oder woher Bunny, eine schwarze Kätzin, zu uns kam. Vor ihr muss noch Gorki bei uns gelebt haben, ein entzückendes liebes Katerchen, das am liebsten nachts um meinen Kopf gewickelt schlief. Er hatte die Grundfarbe weiß mit grau getigerten Flecken. Auch er wurde Opfer der Eisenbahn. Der Verlust dieses goldigen Schmusetigers wog schwer. Ich glaube, dass er nicht mal ein Jahr alt wurde. Möglicherweise hat man mir Bunny auch gebracht, um den Verlust von Gorki zu lindern. Wie gesagt, ich weiß es nicht mehr. Auch Bunny war eine sehr liebenswürdige Katzendame. Während ihrer ersten Geburt saß ich neben ihr und streichelte sie in ihrer Wurfkiste. Als ich währenddessen mal kurz aus dem Zimmer wollte, ließ sie mich nicht gehen, indem sie ihre Pfote auf meinen Arm legte und ihre Krallen sanft in den Ärmel meines Pullovers bohrte, um mich festzuhalten. Das war ein eindringliches Erlebnis für mich. Aus diesem Wurf durfte ich den schwarzen Kater Bonny behalten. Jetzt waren also schon drei Katzen mit ‚B' im Haus: Bimbi, Bunny und Bonny, und der Pudel Charly.

Eben dieser war Omas Hund, doch ich wollte unbedingt meinen eigenen. Am liebsten wäre mir eine riesige Dogge oder ein mächtiger Bernhardiner gewesen, aber Oma und Opa hatten leider eine Doggen- und Bernhardinersperre. Pudel gehören zu den wenigen Hunderassen, die nicht haaren, (weswegen sie geschoren werden müssen). Das war das Hauptkriterium für Oma. Also dachte ich mir: Besser einen Pudel als gar keinen Hund. Eifrig studierte ich in der Samstagsausgabe der Tageszeitung den Tiermarkt, da las ich folgende Anzeige:
„Schwarze Pudelwelpen in Augsburg zu verkaufen, 200,– DM, Telefonnummer."
In Gedanken versunken brütete Oma über einem Versandhauskatalog, eine ihrer Lieblingsbeschäftigungen und das in ihrem Lieblingsraum, der so genannten Hazienda. Ursprünglich war es gar kein Raum, sondern lediglich eine Terrasse. Von Jahr zu Jahr wurde diese jedoch umbaut, überdacht, und letztendlich mit einem großen Fenster und einer Türe zum Vorhäusl versehen. Vor allem bestach die Hazienda jedoch durch farbenfrohe, dschungelähnliche Tapeten, die meine Oma wohl zu der fantasievollen Namenswahl beflügelten. Tropenfeeling pur mit Siesta und Katalogen!
„Das wär doch was für mich!", wandte ich mich mit dem Inserat vor Augen Oma zu, die darauf mit einem gelangweilten „Ja ja" reagierte. Mit meinen mittlerweile elf Jahren – die Erinnerung setzt jetzt vermehrt ein – konnte ich mich verbal schon ganz gut ausdrücken und wiederholte vor Oma deutlich hörbar den Anzeigentext. Ich erklärte ihr, dass ich jetzt dort anrufen würde, um einen Hund zu bestellen. Meinen Hund!

Oma entgegnete geistig immer noch abwesend: „Ja du, mach nur". Für mich das eindeutige Signal, um zum Fernsprecher im Hausgang zu marschieren und in Augsburg anzurufen. Telefonisch machte ich alles klar, wie auch immer ich das mit meiner Naivität anstellte. Zurück in der Hazienda erklärte ich, dass der Hund am nächsten Dienstag mit dem Zug kommen würde. Tatsächlich wurden Tiere damals noch dergestalt mit der Bahn versandt – per Nachnahme versteht sich. Die Fahrt hätte sicher nicht länger als eine Stunde gedauert und der Bahnhof war ja in Sichtweite unseres Hauses, so meine lauteren Beweggründe. Geld hatte ich gespart, also alles in Butter. Schlagartig erwachte Oma nun doch aus ihrem Katalogkoma... Ach du liebe Zeit!

Schockiert über meine Eigenmächtigkeit, der sie letztendlich ja selbst zugestimmt hatte, wurde Opa zu Rate gezogen. Schließlich rief mein Großvater selbst in Augsburg an und wunderbarerweise vereinbarte er einen Termin vor Ort. Nun wurde es doch vorgezogen, den Hund persönlich mit dem Auto abzuholen, die Zuggeschichte war den Großeltern gar nicht geheuer.

Der besagte Tag kam und unglaublich aufgeregt setzte ich mich in Opas orangefarbenen Ford. Bald sollte ich wirklich die Besitzerin eines eigenen Hundes sein. Das war unglaublich! In Augsburg angekommen sichteten wir den letzten kleinen Welpen aus dem Wurf. Pechschwarz und niedlich war er – aber ohne Stammbaum. Er sah aus wie ein Pudel, allerdings wie ein verhältnismäßig langer. Opa maulte ein bisschen herum, zweihundert Deutsche Mark wären beträchtlich viel für einen Hund ohne Papiere, noch dazu für ein so längliches Exemplar. Omas Charly dagegen war ein gebürtiger Rassepudel mit dem orientalisch anmutenden Namen Ali von Afra Au! Auf solche exotischen Zuchtnamen kam man bestimmt nur in den Siebzigern. Also setzte ich meinen Hundeblick auf und Opa pfiff auf das etwas eigenartige Aussehen des kleinen Hundes. Er zückte die Kohle und bezahlte. Mein Erspartes (vermutlich mein Kommuniongeld) blieb mir somit und Opa hatte sich das Geld selbstredend von meinem Vater wiedergeholt, wovon ich erst viele Jahre später erfuhr.

Der neue Mitbewohner wurde auf den Namen Whisky getauft.
Daheim angekommen wurde Whisky erst einmal von Charly begutachtet. Charly fand Whisky scheiße, aber so richtig. Knurrend und mit gefletschten Zähnen stellte er sich über den demütigen Welpen und machte ihm

unmissverständlich klar, wer hier der Chef war. Der Kleine zog sämtliche Register an Unterwürfigkeitsgebaren. Der ältere Pudel beruhigte sich lange nicht. Immer wieder brummte er Whisky an und wies ihn in seine Schranken. Eine große Liebe verband die beiden nie, aber irgendwann duldete Charly den Jüngeren.

Problemlos dagegen verstanden sich dafür die Katzen mit den Hunden. Beim abendlichen Gassigehen begleiteten uns oft auch Bunny und Bonny. Der Anblick von den vier schwarzen Tierchen beim Spaziergang war herzallerliebst. Zwei schwarze Katzen und zwei schwarze Hunde, das hatte schon was. Bimbi blieb zuhause. Nicht weil er nur schwarz-weiß war, sondern weil er bekanntermaßen nach dem Tod seines Bruders das Grundstück nicht mehr verließ.

Endlich hatte ich also meinen eigenen Hund! Eine Sensation!
Pudel sind sehr intelligente und gelehrige Hunde und da es mein allergrößter Traum war, ein Pferd zu besitzen, wurde Whisky vorläufig zu einem würdigen Ersatzpferd. In kürzester Zeit funktionierte ich den Garten zum Hindernisparcours um. Einen Besen über zwei Stühle gelegt und fertig war der Oxer. Alte Kartons zu einem Wall drapiert und schon sprangen wir beide mit Leichtigkeit über die selbst gebastelten Hürden. Wir fühlten uns wie Hans Günter Winkler und Halla. Meine Großeltern fanden diese Beschäftigung etwas befremdlich. Heute nennt man das Agility und dafür gibt es sogar Wettbewerbe. Mit Charly zusammen spannte ich meinen Hund vor einen kleinen Leiterwagen. So konnte ich mich sogar der Illusion Fahrsport verschreiben, natürlich ohne selbst darin zu sitzen.
Dann gab es noch meinen Hundesalon im Keller, gleich neben meinen Viehweiden auf der Tischtennisplatte. Mit dicken schwarzen Pinselstrichen beschriftete ich die Kellertüre, um auf meine Frisierkünste hinzuweisen.

Dianas Hundesalon
Hingebungsvoll kämmte und bürstete ich dort die beiden Vierbeiner auf einem alten Gartentisch, bis die Pudelkrönchen perfekt saßen. Als Charly jünger war, legte Oma noch allergrößten Wert auf das Äußere ihres Hundes. Regelmäßig gab sie diesen in einem Profisalon ab, um ihn dort trimmen zu lassen. So nennt man die professionelle Schur, die bei den nicht haarenden Pudeln unerlässlich ist, wenn man nicht möchte, dass sie irgendwann Bob Marleys Rastalook Konkurrenz machen. Ob es das

Geld, der Stress oder ein danach verunsicherter Hund war, weiß ich nicht mehr, doch schließlich kaufte Opa selbst eine Schermaschine und rasierte Charly und Whisky nach eigenem Gutdünken. Modisch war er nicht so up to date, die Pudel hatten nach der Prozedur eher Ähnlichkeit mit barbierten Kanalratten. Den beiden war es wurscht wie die Haartracht aussah – Hauptsache runter mit der Wolle. Nebenbei bemerkt ist diese Schermaschine von solch überragender Qualität, dass sie bis heute noch in Gebrauch ist – und das nach über vierzig Jahren! Allerdings haben wir keine Tiere mehr zu scheren, nur den Kopf meines Mannes und der sieht immer prima aus!

Whisky war eher ein Miniwindhund als ein Pudel, denn die kleine Rennsemmel fetzte über die Wiesen, dass es eine wahre Freude war. Wenn er Gas gab, wurde er ganz lang, also noch länger als er ohnehin schon war, und seine Ohren flatterten bei jedem Satz auf und ab. Beim Fahrradfahren war er angeleint verlässlich, doch Oma war auch diese Freizeitbeschäftigung wieder mal zu riskant und ich musste die Radeltouren mit meinem Hund lassen. Leider hatte Whisky auch einen ziemlich ausgeprägten Jagdtrieb. In der Nachbarschaft gingen mindestens vier Hühner auf sein Konto – die Rechnung folgte jeweils. Eben dieser Jagdtrieb wäre uns einmal beinahe zum Verhängnis geworden. Bei einem gemeinsamen Spaziergang, natürlich nicht angeleint, waren wir einen Kilometer querfeldein von zu Hause entfernt. An einem Heustadel angekommen staunte ich nicht schlecht, als ein vorwitziger Steinmarder aus dem Schuppen kam und uns interessiert musterte. Besonders merkwürdig war, dass er unerwartet direkten Kurs auf uns nahm und sich weder durch Klatschen noch durch Schreien verscheuchen ließ. Nun war mir klar, dass mit ihm etwas nicht stimmte. Ich kombinierte, dass er die Tollwut haben müsse, denn ein Wildtier, das einen am helllichten Tag verfolgt, ist nicht normal. Schnellstens nahm ich die Beine in die Hand und rannte, was das Zeug hielt. Whisky folgte mir schon, allerdings reizte ihn der hüpfende Marder zum Spielen. Zum Anleinen hatte ich keine Möglichkeit mehr, da Marder und Hund sich im Radius von wenigen Metern umkreisten. Das war ein Eiertanz, den ich nie vergessen werde. Hundert Meter vor unserem Garten blieb der Marder endlich zurück. Vollkommen außer Atem stürzte ich schließlich ins Haus und berichtete von der wilden Verfolgungsjagd, natürlich mit der Anmerkung, dass es wahrscheinlich ein tollwütiger Marder war. Die Großeltern hatten gerade Besuch, die allesamt meine Geschichte sehr amüsant fanden und so schenkte mir natürlich keiner Glauben.

Zwei Tage später wurde berichtet, dass auf dem gegenüberliegenden Fabrikgelände, also auf der anderen Seite der Bahnlinie, ein tollwütiger Marder erschlagen wurde. Da sahen sie die Sache doch mit anderen Augen und waren sogar ein wenig bestürzt.

Das mit dem Glauben war überhaupt so eine Angelegenheit.

‚Kindermund tut Wahrheit kund‘. Dieses Sprichwort galt damals nur bedingt. Es interessierte auch niemanden wirklich. Vieles, was ich erzählte, wurde nicht beachtet, übergangen oder abgetan mit den Worten: „Das Kind hat eine Fantasie!"

Menschen, die der Kriegsgeneration entstammten, hatten Wichtigeres zu tun, als sich mit törichtem Kindergeschwätz abzugeben.

Was früher zu wenig war, ist heute bisweilen zu viel. Das fängt schon mit der Auswahl an. Kinder im Spielzeugladen oder Erwachsene im Supermarkt, ein Drama!

Ich glotze auch jedes Mal lange in die Wurst- oder Käsetheke, um dann doch immer wieder dieselben Sorten zu kaufen. Als ich klein war, gab es einen Tante-Emma-Laden im Ort, der eigentlich Onkel-Hans-Laden hätte heißen müssen, da er von Vater und Sohn geführt wurde. In der übersichtlichen Wursttheke lagen folgende Sorten: Mettwurst, Leberwurst, Kochsalami, Salami, Leberkäse, Gelbwurst, Lyoner und vielleicht mal Schinken. Das wars und gereicht hat es auch. Heute gibt es allein schon zwanzig unterschiedliche Salamisorten, was für ein Überfluss!

Wichtig ist es, einem Menschen, auch wenn er klein ist, zu glauben und ihn ernst zu nehmen. Doch langes Gelaber kann auch überfordern. Meine Tochter litt oder leidet noch heute an meinen ausschweifenden Erklärungen, die oftmals beim Urknall anfangen.

Das zumindest ersparten mir Oma und Opa. Zugeschwallt mit Argumenten wurde ich nicht, eher geschnitten. Die Oma konnte sehr bockig sein und wenn ich nicht das machte, was sie sich vorstellte, schwieg sie mich gern mal ein paar Tage an. Eigentlich wäre mir bei einem Fehlverhalten eine Ohrfeige lieber gewesen. Mist gebaut – Ohrfeige kassiert – alles wieder gut. Im Grunde baute ich ja gar keinen Mist im üblichen Sinne, sondern entsprach halt gerade nicht ihren zum Teil sehr antiquierten

Vorstellungen. So setzte ich entweder die Tränendrüse ein oder bockte ebenfalls. Ihren Lieblingsspruch „Wie man in den Wald hineinschreit, so kommt es wieder heraus", merkte ich mir gut. Ich wusste immer, was von mir erwartet wurde. Manchmal hielt ich mich jedoch nicht daran. Einen Großteil meines Lebens lief ich im Zickzack auf dem Pfad zwischen ‚Gefallen wollen' und ‚Provokation'.

Nichtsdestoweniger war mir klar, wie ich einige (bei weitem nicht alle) Wünsche durchsetzen konnte. Für meine Großeltern war das ganze Geschehen ja auch nicht so einfach. Viele Dinge verboten sie mir aus Angst, dass mir etwas widerfahren könnte. Die eigene Tochter hatten sie bereits verloren und wenn dem Enkelkind, für das sie ja in gewisser Weise verantwortlich waren, auch noch etwas zustoßen würde, wäre das nicht auszudenken.

Schwierig waren vor allem Wünsche, die mit körperlichem Einsatz außerhalb des Gartenzauns verbunden waren. Doch hin und wieder besuchte Opa mit mir einen Ponyhof – ein echtes Highlight für mich. Dort roch es würzig nach Stall und Leder und ich durfte mir ein Pony aussuchen, um eine halbe Stunde darauf rumzueiern. Opa führte das Pferdchen gekonnt, hatte er doch im Krieg Erfahrungen als Muliführer gesammelt, wobei mir sogar der Name seiner Mulidame wieder einfällt – Hermine. Wenn möglich, wählte ich am Ponyhof Diana, da diese offensichtliche Namensgleichheit sofort eine Verbindung herstellte. Diana war eine braun-weiße Scheckstute und ich habe später erfahren, dass sie fast dreißig Jahre alt wurde! Opa kannte überdies jemanden, der mich dann und wann auf seiner Ponystute Fanny reiten ließ. Der Hof dieses Bekannten war nur eineinhalb Kilometer entfernt und so war es möglich, mit Fanny querfeldein nach Hause zu reiten, wo Opa eine Pause machen konnte, bevor wir wieder zum Stall zurückwanderten. Opa marschierte, ich ritt. Die Stute war im Grunde völlig ungeeignet für eine Anfängerin wie mich, weil sie ziemlich temperamentvoll und auch ein bisschen nervös war. Ansonsten war sie ein ehrliches Pferd, wie man unter Reitern sagt. Sie biss und trat nicht und machte auch sonst keinen groben Unfug. Die Erlebnisse mit ihr deckten mein ganzes Gefühlsspektrum ab. Freude, Angst, Stolz – von allem fühlte ich überreichlich. Einmal waren wir mit Fanny und ihrem Fohlen Flori unterwegs zu meinem Onkel Franz, der früher selbst geritten ist und in unserer unmittelbaren Nachbarschaft wohnte. Gerne ließ er sich überreden, mit mir den Platz zu tauschen und so schwang er sich trotz seiner guten sechzig Jahre gekonnt in Fannys Sattel. Das fand ich so bewundernswert, dass ich ausgelassen auf dem Grundstück herumtollte und hinter Flori herlief. Dabei kam ich in meinem Übermut dem Hengstfohlen leider zu nah und es traf mich unglücklich mit seinem Huf am Oberschenkel. Innerlich jaulte ich laut auf. Der kleine harte Huf verursachte einen Bombenschmerz, den ich mich nicht zuzugeben traute, aus Angst, dass die wenigen Reitausflüge noch spärlicher würden. Den massiven Bluterguss musste ich lange verstecken. Meinem großen Wunsch nach professionellem Reitunterricht war man leider immer noch nicht nachgekommen.

Dafür war die Wunscherfüllung innerhalb des Grundstücks viel leichter. So kamen in diesen Jahren einige Neuzugänge in unseren Privatzoo und die bereits erwähnte farbenprächtige Hazienda wurde die Heimat von gefiederten Freunden. Die genaue Reihenfolge bekomme ich nicht mehr hin. Jedenfalls gab es im Laufe der Jahre einen Nymphensittich, mehrere Wellensittiche, zwei Rote Kardinäle und Fischers Unzertrennliche. Leider war die Beratung in den damaligen Zoogeschäften ausgesprochen schlecht. Sicher hatten wir Erfahrungen mit Wellensittichen gemacht. Aber dass wir mit den Roten Kardinälen zwei männliche Vögel gekauft hatten, die man keineswegs gemeinsam in einen Käfig stecken konnte, sagte uns niemand. Vor allem den Tieren gegenüber fand ich das sehr schmerzlich. Es war unmöglich, die beiden Kontrahenten zusammen fliegen zu lassen, der Ranghöhere hätte dem schwächeren Kollegen den Garaus gemacht.

Eines Tages starb ein Fischers Unzertrennlicher, und wie der Name schon sagt, ist es für den verwitweten Zwergpapagei ein heftiger Schicksalsschlag. Jetzt war also nur ein Vogel im Käfig, von dem wir ja nicht einmal wussten, ob es ein Witwer oder eine Witwe war. Dem übrig gebliebenen Tier wollte man natürlich so schnell wie möglich einen neuen Partner, beziehungsweise eine neue Partnerin, zukommen lassen. Somit wurde mir die verantwortungsvolle Aufgabe übertragen, dieses Tier zu besorgen. Oma litt mittlerweile an den Folgen verschiedenster Gebrechen wie Herzinfarkt, Myomoperationen oder Schlaganfall, um nur einige zu nennen. An eine Zugfahrt nach Augsburg, die sie so liebte, war nun nicht mehr zu denken. Opa arbeitete noch als Buchhalter und hatte keinen Urlaub.

Also durfte ich in Begleitung meines Kinderfreundes und Nachbarn Peter die aufregende Zugfahrt antreten. Aufgewühlt tat ich in der Nacht vor der Fahrt kaum ein Auge zu. Zum ersten Mal ohne erwachsene Aufsichtsperson in eine ‚große Stadt' fahren, mag sich aus heutiger Sicht lächerlich anhören. Für mich als Landei war das ein richtiges Abenteuer. Mir wurde das Geld für den Vogel mitgegeben, der damals immerhin schon stolze siebzig D-Mark kostete. Vor dem Vogelkauf durften wir auch im Neckermann-Restaurant essen gehen: Currywurst mit Pommes. Ich war so aufgedreht, dass ich für Peter und mich bei der Bedienung bestellte und sofort bezahlen wollte. Noch heute sehe ich das verdutzte Gesicht der Kellnerin vor mir. Bezahlen vor dem Essen kommt eher selten vor. Gestärkt von dieser für uns nicht alltäglichen Leckerei machten wir uns auf den Weg in die verheißungsvolle Zoohandlung, um für den einsamen Zwergpapagei einen neuen Gefährten zu finden. Tja, und da suchten wir nach der Optik aus, da wir ja, wie schon erwähnt, nicht einmal das Geschlecht des Vogels kannten. Auch dahingehend war die Beratung im Zoogeschäft wieder vollkommen unzureichend. Mir wurde einfach ein hübsches Vögelchen verscherbelt. Stolz fuhren wir mit unserem Erwerb nach Hause, der in einer Transportbox aus Karton verpackt war. Das Ende vom Lied war, dass mein Opa später (also lange nach meinem Auszug) drei Unzertrennliche hatte – jeweils in einem eigenen Käfig! Es waren drei Damen, denn jede von ihnen legte ab und an ein Ei. Allesamt lehnten sie eine gleichgeschlechtliche Zusammenführung ab. Andererseits hätte die Wahl eines männlichen Vogels auch keine Garantie für eine glückliche Integration bedeutet.

Ich bemühte mich sehr, den Vögeln ein schönes Heim zu bereiten. Viel lernte ich vom Kleinen Tierfreund, einer Zeitschrift für Kinder, die wir abonniert hatten. Im Garten brach ich Äste vom Apfelbaum ab, damit die Käfiginsassen auch mal die Rinde der Naturzweige abschälen und genießen konnten. Körnermischungen, Hirse, Obst und Mehlwürmer, je nach Gusto, standen auf einem abwechslungsreichen Speiseplan. Regelmäßig durften sie auch in der Hazienda fliegen. Leider kehrten sie selten von allein in ihre Käfige zurück. Eventuell lag die erschwerte Heimkehr an den riesigen floralen Mustern der Dschungeltapete, die ihnen vorgaukelten, sich in den Tropen zu befinden. Also musste ich sie mit dem Vogelkescher einfangen, was mir damals ziemlich gut gelang. Bisweilen wundere ich mich über meinen damals selbstverständlichen Umgang mit den Tieren. Wenn zum Beispiel die Krallen der Vögel zu lange waren, zwickte ich sie mit der Nagelschere gekonnt ab, ohne je ins Leben, das heißt in den durchbluteten Teil, zu schneiden. Heute würde ich das nicht mehr machen!

Abgesehen davon kommen mir nie wieder Vögel ins Haus. Zum einen muss man das Geplärr – gerade von den Zwergpapageien – schon sehr mögen, zum anderen machen die Kollegen einen Mordsdreck. Hingegen ist für mich der wichtigste Punkt, der gegen eine Haltung spricht, der Käfig. Ein Tier, das sich im Flug in die Höhe schwingen kann, sich also fast uneingeschränkt dreidimensional bewegen kann, in einen öden Käfig zu sperren, ist aus meiner persönlichen Erwachsenensicht unvorstellbar. Natürlich gibt es Volieren, immerhin besser als ein kleines, trostloses Gefängnis mit gelegentlichem Freiflug, für mich indessen auch keine Alternative. Damals wie heute sehe ich gerne Naturdokumentationen an und wenn ich die großen Aras in riesigen Gruppen über den Urwald fliegen sehe, wie könnte ich jemals nach diesem Anblick so ein Tier auf einen Stock ins Wohnzimmer setzen? Wellensittiche schwirren in Schwärmen mit tausenden von Artgenossen über den australischen Kontinent und wir stecken ein oder zwei in ein begrenztes Vogelgitter.

Für mich funktioniert das nicht mehr.

An dieser Stelle sei erwähnt, dass ich allergrößten Respekt vor Veganern und Vegetariern habe. Wenn jeder einen Beitrag leistet, entweder in Form von Fleischverzicht, Haltungsverzicht oder einer anderen Form, die der Welt gut tut, dann ist schon etwas getan. Auch mein Fleischkonsum sinkt immer mehr.

Meine Großeltern sahen das mit der Käfighaltung nicht so eng und ich war als Kind einfach fasziniert, auch gefiederte Freunde haben zu dürfen. Zu der Zeit sah man viele Dinge anders als heute. Zum Beispiel konnte man lebende Tiere wie Hunde in Versandkatalogen bestellen! Kein Scherz, Whisky wäre ja auch beinahe per Bahn geliefert worden.

Gott sei Dank haben sich in dieser Beziehung wenigstens einige Dinge verbessert.

Außer den Vögeln hatte ich noch eine weiße Zwergkaninchendame namens Stasi, das ist die bayerische Abkürzung für Anastasia, und drei große Langohren, Hanni, Nanni und Zenzi (Abkürzung für Kreszentia).

An das überschaubare Wohnhaus schmiegte sich die Garage, dann die Hütt'n mit der kleinen Werkstatt, einschließlich einem Lager, in dem alles Mögliche untergebracht war. Abschließend folgte der Hasenstall. Opa war im Krieg einer, der organisierte. Das heißt, dass er alles, was einmal in seinen Besitz gelangte, aufhob, da man nie wusste, wann oder wofür man es noch brauchen konnte. Aus jedem Krempel verstand er etwas zu machen. So schusterte er aus alten Türen, Fenstern und vielen Brettern diesen großen, überdachten Stall zusammen, der wirklich wetterfest und winddicht war. Im Sommer konnten die Hasen frei im Garten rumlaufen oder sich zumindest in einem gesicherten Freigehege aufhalten. Das Heu machte Opa manchmal selbst im Garten. Wenn das Gras hoch genug gewachsen war, mähte er es mit der Sense, um es dann gleichmäßig zum Trocknen zu verteilen. Regelmäßig wendeten wir es, bis es endlich den wunderbaren, charakteristischen Heuduft verströmte. Besonders diese Erlebnisse, die mit Gerüchen und Düften einhergehen, brennen sich ins Stammhirn ein. Jene Sommertage waren wirklich herrlich. Der großelterliche Garten war ein Paradies, das ich mit meinen vierbeinigen Genossen teilte.

Im Spätherbst trieb sich im Garten ein kleiner Igel herum, den wir auch noch aufnahmen. Lediglich zweihundertfünfzig Gramm wog er. Damit hätte er nicht überlebt. Wir badeten den kleinen Burschen lauwarm und entflohten und entzeckten ihn. Den ganzen Winter über wurde er gefüttert und im Frühjahr konnte er mit einem ansehnlichen Gewicht wieder ins Freie entlassen werden. Hin und wieder begegnete man sich abends im Garten.

Wenn man nicht draußen sein konnte, durchforstete ich das Fernsehprogramm nach Tiersendungen. Heinz Sielmanns Expeditionen ins Tierreich, Bernhard Grzimeks Ein Platz für Tiere und Marlin Perkins mit seinem Reich der wilden Tiere zogen mich in ihren Bann. Oder Sendungen, in denen einfach Tiere vorkamen, selbst wenn mich die Handlung nicht interessierte. Aber auch das Telekolleg hatte es mir angetan und noch einige Sendungen mehr. Oma war mein TV-Konsum zu umfänglich. Deshalb versteckte sie den Schlüssel vom Fernsehschrank. Früher hatte jeder, der etwas auf sich hielt, eine mehr oder weniger beeindruckende Schrankwand mit diversen Regalen, Schubladen und auch absperrbaren Fächern. So war unter anderem die Bar abschließbar und eben auch das Fach mit dem Fernseher. Als Oma lediglich den Schlüssel vom Fernsehfach abzog, dachte sie nicht daran, dass die Schlüssel, die noch in den anderen Schlössern steckten, unschwer auszutauschen waren. Das verschaffte mir die Möglichkeit, wenn sie in der Hazienda ihren Mittagsschlaf hielt, doch noch etwas Zeit vor der Glotze zu verbringen. Im Grunde war dieses Verbot ohnehin unsinnig. Es gab nur sechs Programme (ARD, ZDF, BR, Ö1, Ö2 und die Schweiz), von denen reichte keines an das heutige (schlechte) Niveau heran. Werbung war selten und ein relativ früher Sendeschluss tat sein Übriges. Prima war Österreich 1. Dort wurden mitunter schon Spielfilme am Vormittag gezeigt für die heimkommenden Schichtarbeiter und auch ab und zu für mich ein tolles Angebot.

Am übelsten aus heutiger Sicht ist die Tatsache, dass ich Oma überreden konnte, mich einen Spätfilm mit folgendem Titel ansehen zu lassen: Die Bestie von Schloss Monte Christo! Wahrscheinlich dachte ich bei dem Wort ‚Bestie' an ein Tier. Der Film hatte weder mit Tieren noch mit dem (harmlosen) Grafen von Monte Christo zu tun, sondern da ging es um brutale Vergewaltigung, Mord und Monster, schlichtweg grauenvoll. Die Nacht nach diesem Horrorfilm verbrachte ich schweißgebadet in meinem Bett, den Blick paralysiert durch die halb geöffnete Tür auf die Garderobe im Gang gerichtet, von wo aus ein aufgehängter Mantel in der Dunkelheit aussah, als ob es eine verstümmelte Leiche wäre. Jahre danach hatte ich noch ein mulmiges Gefühl, wenn ich in den schlecht beleuchteten Keller ging. Meinen Hundesalon und die Tischtennisplatte im Kartoffelkeller besuchte ich von da an nur noch spärlich. Da wäre es doch segensreicher gewesen, hätte ich fünfzig Folgen von Heinz Sielmanns Expeditionen ins Tierreich hintereinander gesehen.

Doch nicht nur bewegte Bilder zogen mich in ihren Bann. Nein, auch der Bücherwelt war ich verfallen. Prächtige Bildbände über Pferde lagen unter dem Weihnachtsbaum oder wurden mir als Geburtstagsgeschenk überreicht. Die meisten dieser Bücher habe ich noch heute. Stundenlang versank ich in Brehms Tierleben und anderen Tierlexika, um so interessante Geschöpfe wie Fettschwalm, Kakapo oder Blödauge zu finden. Ihr glaubt mir nicht? Dann schaut doch selbst mal nach. Tatsächlich war ich so bekloppt oder enthusiastisch – je nachdem – dass ich in der sechsten Klasse für eine Stunde Biologieunterricht zwei große Tierenzyklopädien in einer extra Tasche mitschleppte. Die fetten Schinken wogen zusammen fast soviel wie mein Schulranzen. Man konnte ja nie wissen, wohin der aufregende Unterricht einen führen würde und mit den zwei Bänden war ich bestens gewappnet. Meine Biohefte der fünften bis siebten Klasse waren legendär. Wunderschön verzierte Überschriften prangten auf den Seiten. Akribisch malte ich die unterschiedlichsten Tiere aus meinem farbigen Tierlexikon ab, Blauwal, Krokodil, Schlangen und viele mehr. In anderen Fächern war diese Übereifrigkeit deutlich geringer. Ebenfalls liebte ich James Herriots wundervolle Bücher Der Doktor und das liebe Vieh, in denen ich an Tierarzterlebnissen teilhaben konnte, ohne mit sichtbarem Blut in Kontakt zu kommen.

Zurück zu meinen echten Tieren.
Der zahlenmäßige Höhepunkt an Vierfüßlern wurde mit einem weiteren Wurf von Bunny erreicht. Sie bekam zwei stramme Jungs die wir Billy und Bubi nannten. Charly, Whisky, Bimbi, Bunny, Bonny, Billy und Bubi, von den Vögeln und Hasen ganz zu schweigen. Für die beiden kleinen Kater wurden bald schöne Plätze gefunden, doch die Anzahl der Tiere sollte von nun an weiter schwinden.
Bonny kam immer wieder mit Verletzungen heim, seine Wunden wurden immer heftiger. Eines Tages hatte er einen Knick im Schwanz und ein Loch im Unterkiefer. Am schlimmsten für mich war es, dass man nicht zum Tierarzt ging. Die Kriegsgeneration wusste sich anders zu helfen. Ich suchte meinen Opa im Garten und fand ihn hinter dem Hasenstall. In der Hand hatte er einen Hammer, mit dem er auf Bonny, den er in eine Kiste gepackt hatte, einschlug. Während ich das schreibe, wird mir ganz schlecht. Mein Opa, den ich doch liebte, erschlug meinen schwarzen Kater! Natürlich war Bonny schwer verletzt. Wahrscheinlich hätte er auch getötet werden müssen. Aber hätte man ihn nicht einschläfern können? Das Vertrauen in meinen Großvater war zutiefst erschüttert. Auch Bunny verschwand irgendwann. Ich vermute, dass er sich ihrer auf ähnliche Weise entledigte – möglicherweise, weil sie wieder trächtig war.

Über diese Dinge zu schreiben ist nicht so einfach für mich. Tatsächlich musste ich einige Zeit pausieren, bevor ich wieder weitermachen konnte. Nach den vorangegangenen Ereignissen hüllte ich mich wieder in einen Kokon. Sonst hätte ich es wohl kaum ausgehalten. Möglicherweise hört sich das alles nach einer Abrechnung an, das soll es nicht sein. Ich möchte nur alles ausdrücken, was jahrzehntelang in mir geschlummert hat. Es gab auch viele schöne Momente, von denen ich bisher immer erzählt habe. Jetzt sind auch diese anderen Begebenheiten dran. Viel Ungemach war sicher auch den Krankheiten meiner Großmutter geschuldet. Opa arbeitete ja noch, damals sogar noch samstagvormittags und Oma war oft wochenlang im Krankenhaus oder auf einer Kur. Dadurch war ich sehr viel alleine und natürlich froh, meine Tiere zu haben. Doch sie machten auch viel Arbeit. Füttern, Vogelkäfige und Hasenställe sauber machen, mit dem Hund Gassi gehen. Dann war ich ja auf dem Gymnasium mit der ersten Fremdsprache Latein. Auf Hausaufgabenhilfe konnte ich da nicht zählen. Vielleicht ist meinem Großvater das alles auch über den Kopf gewachsen. Wir haben leider auch später nie darüber gesprochen.

Insgesamt blieb ich sieben Jahre bei meinen Großeltern, von meinem siebten bis zu meinem vierzehnten Lebensjahr. Dann schwappte die Pubertät in großen Wogen über meine Innen- und Außenwelt. Das kleine, meist brave und folgsame Mädchen wurde zum Leidwesen der Großeltern vom renitenten Teenager drastisch verdrängt. Immer öfter kam es zu anstrengenden Auseinandersetzungen, die im Grunde ja völlig normal sind, jedoch in diesem Falle alle Beteiligten mehr als herausforderte, ja überforderte. Obwohl Oma mir in den ganzen Jahren wiederholt mit folgendem, pädagogisch wertlosen Satz drohte:
„Wenn du böse bist, musst du zurück zu deinem Vater!", entschied ich mich tatsächlich, genau wieder dorthin zu gehen. Einerseits drohte Oma, mich zu meinem Vater in die Höhle des Löwen zu schicken. Andererseits mahnte der Vater, mich von Oma wegzuholen, siehe Episode mit Plastikpferd Flicka. War das nicht bescheuert? Manch einer würde sich unter diesen Voraussetzungen zum Neurotiker entwickeln. Jedenfalls hatte ich schon zu tun, dieses strapazierende Kindheitsgeschehen aufzuarbeiten. Wenngleich mir sehr bewusst ist, dass es unzählige Schicksale gibt, die viel dramatischer sind als meines.

Dennoch sah ich meine Zukunft wieder bei meiner Ursprungsfamilie. Meine geliebte Tierwelt ließ ich zurück, was ein unglaublich schwerer Schritt für mich war. Für Whisky war gut gesorgt, meine Katzen waren bereits weg und für die Hasen fand ich gute Plätze. Die Vögel waren ohnehin schon mehr in den Besitz von Opa übergegangen, fand er doch selbst Gefallen an den fedrigen Zweibeinern.

5 – Zurück im Elternhaus

Nun war ich wieder zurückgekehrt ins ‚Vaterhaus‘, eine Mutter war ja nicht mehr da. Für mich war es eine Art Neustart mit Vater, Bruder und Schwester. Im Grunde waren wir vier einzelne Wölfe, die sehen mussten, wie sie miteinander klarkamen. Während der letzten beiden Jahre bei den Großeltern wurde das alte Elternhaus bis auf das Eierlager und den Laden abgerissen, um das Lebensmittelgeschäft und die Wohnräume zu vergrößern. Über dem Laden wurden zwei Etagen aufgestockt. Zum ersten Mal in meinem Leben hatte ich nun ein Zimmer ganz für mich allein! Bis dahin schlief ich mit meiner Oma noch im Doppelbett. Doch für eine Vierzehnjährige ist ein eigenes Zimmer als Rückzugsort existentiell.

Anstelle meiner tierischen Freunde stellten sich nun mehr menschliche Wesen an meine Seite. Jederzeit war mir gestattet, Freundinnen und Freunde nach Hause einzuladen, Gastfreundschaft wurde bei meinem Vater groß geschrieben. Oma hatte da ein bisschen Schwierigkeiten, was sowohl an ihren Erkrankungen lag, als auch daran, dass ihr nicht jeder gelegen war, woraus sie ganz und gar keinen Hehl machte. Als einmal eine Freundin zu Besuch war und mit uns aß – und das sehr langsam und bedächtig – war ihr lapidarer und gleichzeitig abfälliger Kommentar: „Wie man isst, so arbeitet man!"
Große Leistungen im Arbeitsleben traute sie ihr damit nicht zu.

Insgesamt war die neue Lebenssituation für mich sehr aufregend und spannend. Im neuen Haus gab es eine ultramoderne Fußbodenheizung, das war schon was. Anstelle von Boiler, Öl- und Holzofen gab es jetzt warme Füße. Heißes Wasser kam ohne extra Heizvorgang direkt aus der Leitung. Zumindest wenn der Brenner im Keller funktionierte, was leider auch nicht immer der Fall war. Papa hatte für jedes Stockwerk eine echt schicke Küche geshoppt: Unten in Eiche rustikal, ein Burner in den Spätsiebzigern, und oben eine in Eiche hell. Das war schon fast futuristisch.

Oma, Opa und ich hingegen hatten erst mal Sendepause. Die zwei fühlten sich von meinem Fortgehen gekränkt und waren beleidigt. Ich hingegen empfand mich auf eine gewisse Weise befreit und erweiterte meinen Horizont auf unterschiedlichsten Ebenen. Im Laden gab es ja nicht nur Lebensmittel, sondern auch Zeitungen und Zeitschriften. Zu meiner Begeisterung hatte ich Zugang zu allen möglichen Heftchen und Illustrierten. Angefangen von Micky Maus, Asterix, sämtlichen ‚Schicksalsblättern‘, Motorradzeitungen, Bravo, Popcorn, Quick, Neue Revue, Wochenend, über Bunte bis hin zu Playboy, Penthouse und vielem mehr las ich im Laufe der Zeit alles, was mir in die Finger kam. Nur zu politisch durfte es nicht werden und das hat sich bis heute nicht geändert. Meiner Meinung nach wird uns das, was wirklich in der Welt passiert, sowieso nicht in den Nachrichten präsentiert.

Für diese Gratislektüre musste ich mich auch einbringen und zwar insofern, dass ich die Remission erledigen musste. Jede Woche wurden alle ausgewechselten Zeitungen sortiert, in Listen eingetragen, gebündelt, in Kartons verpackt und abends vor die Ladentüre gestellt, damit sie der Zeitungslieferant in aller Frühe wieder mitnehmen – beziehungsweise austauschen – konnte. Für die nächsten zwanzig Jahre wurde das mein Job. Ein Glück, dass das anfangs nur einmal wöchentlich erforderlich war. Allerdings legten im Laufe der Jahre die Printmedien so zu, dass immer öfter remittiert werden musste – bis zu fünf Mal pro Woche. Dadurch verbrachte ich zunehmend mehr Zeit mit dieser Aufgabe. Als Geschäftskind war es ohnehin selbstverständlich, im elterlichen Betrieb mitzuhelfen. Man wurde nicht freundlich gebeten, sondern es wurde unfraglich erwartet. Das bedeutete, dass man sich über Leistung, vor allem über Arbeitsleistung, definierte. Je mehr man arbeitete, desto mehr war man wert. Den Umkehrschluss kann sich jeder selbst ausmalen, und so eine Prägung hält sehr lange an.

Zu jener Zeit wurde an den Werktagen mittags für alle gekocht, Angestellte eingeschlossen. In den Ferien wurde der Küchenjob vermehrt mir zugewiesen und da in einem Lebensmittelgeschäft immer irgendwas am Ablaufen oder Kaputtgehen ist, war Erfindungsgabe angesagt.

Dann hieß es eben: „Die Paprika sind am Verrecken, mach was draus!"

Dazu noch eine angeschlagene Dose Bami Goreng oder Ravioli: Was für eine leckere, kunterbunte Mischung. Noch heute koche ich nicht gerne nach Rezept. Am Liebsten bastle ich etwas aus Resten. Das ist mir bestimmt von damals geblieben. Jede Dose mit Knick oder Delle wurde aus dem Verkehr gezogen, um sie dem eigenen Verbrauch zuzuführen, egal was sich darin befand, obschon ich vieles davon freiwillig nicht unbedingt gewählt hätte. Aber heikel sein gab es nicht, da waren wir im Gegensatz zu anderen echt unempfindlich. Was weg musste, musste eben weg!

Apropos: Man glaubt ja gar nicht, wie lange Lebensmittel nach einem Ablaufdatum noch verspeist werden können. Der Rekord für eine gefrorene Gans lag bei fünf Jahren, die sie verborgen in den Untiefen der großen Gefrierzelle verbrachte. Für meinen Vater wäre es ein Frevel gewesen, dieses Tier nicht zu verzehren, wenn schon sein Leben für uns geopfert worden war. Ausgenommen natürlich, es wäre wirklich verdorben gewesen. Mit Bedauern sehe ich die heutige Entwicklung, dass man aufgedruckten Daten mehr glaubt als den eigenen Sinnen. Viele haben verlernt zu riechen und zu schmecken und werfen Lebensmittel weg, die durchaus noch essbar gewesen wären. MHD heißt ja Mindesthaltbarkeitsdatum. Da gehen schon noch ein paar Tage, Wochen oder Monate, oder im Fall der Gans sogar Jahre drüber, je nach Produkt eben. Eine Katze ist auch ein guter Anzeiger, ob Wurst oder Fleisch verdorben sein könnte. Bei Hunden ist das etwas anders, da diese ja auch Aasfresser sind. Ich möchte nicht wissen, was sich die Menschheit schon alles – an eigentlich Ungenießbarem – guten Gewissens reingestopft hat, das mit chemischen Keulen wie Geschmacksverstärkern und künstlichen Aromen schick aufgepeppt wurde, so auch wir. Ende der Siebziger bis Anfang der Achtziger war eine gigantische Fundgrube von Fertigprodukten und ich fand das damals super! Mit Schnellfixpäckchen war hurtig ein ansehnliches Mahl fabriziert, wenn mal gerade nichts am Ablaufen war. Ein Traum für einen Teenager, der doch wichtigere Dinge zu erledigen hatte, als sich um das leidige Kochen zu kümmern.

Diese verdrießlichen Haushaltspflichten wurden mir sehr erleichtert, als mein Vater Irmgard, seine neue (kinderlose) Partnerin kennenlernte, die er bald darauf ehelichte. Irmgard hatte keinen leichten Stand, wollte sie eine richtige Familie aus uns formen, was ihr mit uns vier eigentümlichen Wölfen nur sehr bedingt gelang. Mir räumte sie einige Hindernisse aus dem Weg. Dafür bin ich ihr heute noch dankbar. Die Ehe mit meinem Erzeuger hielt zwar auf dem Papier acht Jahre, die Trennung war jedoch sehr viel früher. Beide hatten sich unter ihrer Lebensgemeinschaft etwas anderes vorgestellt. Trotzdem habe ich an die ersten Jahre wirklich nette Erinnerungen.

Irmgard brachte ihren schwarzen Pudel Muck mit ins Haus, der sich sehr gut mit unserem Kater Waschti (bairisch für Sebastian) verstand. Waschti war das erste ,neue' Tier nach dem Auszug bei den Großeltern. Meine Schwester bekam ihn von einer Freundin, deren Katze einen Maiwurf hatte. Vom kleinen, süßen, schwarzen Katerchen wuchs er zu einem großen, kräftigen und sehr menschenfreundlichen Kater heran, der jeden Tag zu meinem Vater ins Eierlager ging, um sich sein rohes Eigelb abzuholen. Papa schlug ihm das Ei in einem Schüsselchen auf und der Kater schlabberte es genüsslich. Waschti schlief selbstredend in meinem Bett und er hörte mir geduldig bei meinen Problemen zu – wie schon seine Vorgänger. Es war so schön, wieder ein Felltier um sich zu haben. Als Waschti noch klein war, musste er zur Eingewöhnung im Haus bleiben, wo sich auch sein Katzenklo befand. Nach ein paar Wochen durfte er endlich raus. Was für ein Vergnügen war das für uns alle.

Doch eines Tages schloss jemand unbedacht die Terrassentüre und vergaß, dass das Katerchen noch aushäusig war. Nach etlicher Zeit bemerkten wir ihn, wie er jammernd auf und ab lief und dringendst eingelassen werden wollte. Wir öffneten die Tür, Waschti sprang ungestüm herein und lief schleunigst zu seinem Kistchen, um dort sein Geschäft zu verrichten. Es war ihm ja noch nicht klar, dass es noch andere Möglichkeiten gab und er brauchte ein paar Wochen, um zu lernen, dass er sich draußen erleichtern konnte. Interessant war auch, dass er sich Freunde mitbrachte, wie zum Beispiel einen jungen mausgrauen Kater, von dem wir nicht wussten, wem er gehörte. Hund Muck, Waschti und der kleine Graue lieferten sich Verfolgungsjagden durchs Haus, dass es eine Freude war, ihnen zuzusehen. Sie rannten von Zimmer zu Zimmer, um immer wieder mal die Reihenfolge zu wechseln und hatten sichtlich Spaß an diesem Spiel. So plötzlich wie der Graue aufgetaucht war, verschwand er auch wieder und wir bedauerten sein Wegbleiben. Waschti brachte nach geraumer Zeit einen neuen Kameraden mit, der – wie er – ein schwarzer Kater war, nur etwas schmaler und kleiner. Wo der Kerl nur immer seine Kumpels auftrieb, war uns ein Rätsel.

Der Neue bekam den Namen Paulchen und hing sehr an meiner Stiefmutter und sie an ihm. Er fuhr mit ihr im Auto mit, wenn sie Besorgungen erledigte und auch sonst lief er gerne hinter ihr her. Leider wurde ihm diese Anhänglichkeit zum Verhängnis und ich wurde davon unfreiwillig Zeuge. Vom Bad im ersten Stock hatte ich eine gute Sicht auf den Hof und die angrenzende, stark befahrene Straße. Warum ich an dem Tag aus dem Fenster guckte, weiß ich nicht mehr, aber ich sah meine Stiefmutter auf dem Bürgersteig auf der anderen Straßenseite, wie sie mit den Armen fuchtelte und schrie: „Nein, halt, bleib stehen!"

Der Kater hatte sie vom Hof aus entdeckt und überquerte unachtsam die Straße, um zu ihr zu gelangen. Der Autofahrer hatte keine Chance, rechtzeitig bremsen…

Paulchen war auf der Stelle tot.

Wir waren darüber alle sehr betrübt, war es doch ein nettes Katerchen und so jung dazu!

Von da an brachte Waschti keinen Katzenfreund mehr mit.

Zwischenzeitlich besuchte ich meine Großeltern wieder. Unser gespanntes Verhältnis hatte sich einigermaßen beruhigt. Pudel Whisky freute sich immer narrisch, wenn ich mal vorbeikam, der alte Charly hingegen hatte bereits das Zeitliche gesegnet und Kater Bimbi lebte immer noch. Wie schon erwähnt, hielt er bis zum neunzehnten Lebensjahr durch.

Mit meinen mittlerweile sechzehn Jahren pubertierte ich entsprechend vor mich hin. Vollkommen normal für dieses Alter fand ich nun mehr Interesse an zweibeinigen Burschen und die Tierwelt rückte vorerst wieder ein wenig mehr in den Hintergrund. Meine Entwicklung war ein wilder Ritt vom Mädchen zur Frau. Die spannenden Achtziger waren bunt, laut und frei. Das spiegelte sich in unseren Worten, Taten und vor allem in den Klamotten. Manche Jugendliche von heute empfinde ich fast ein bisschen zu angepasst im Gegensatz zu uns. Mir wurde allerdings von Mitschülern anderer Klassen dargelegt, dass unser Jahrgang wirklich ein ‚besonders schlimmer' war. Im chinesischen Horoskop sind fast alle Klassenkameraden Drachen, da war schon was los. Wobei man auch sagen muss, dass es verschiedene Gruppierungen gab: Eher brave und eher wilde. Untereinander verstanden wir uns dafür trotzdem bestens. Regelmäßige Klassentreffen verbinden uns noch heute und einige sehr enge Freundschaften bestehen seit dieser Zeit. Im Gegensatz zu vielen anderen fand ich den Unterricht entspannt, denn in den Ferien wurde ich regelmäßig im Geschäft eingesetzt, worauf ich relativ wenig Lust hatte. Zur Schulzeit konnte ich das Lernen in den Vordergrund stellen, auch wenn es tatsächlich mehr im Hintergrund stand. Größeren Aufwand betrieb ich damit herauszufinden, wo ich mit welcher Note durchkam, und liebenswürdige Klassenkameraden ließen mich in bestimmten Fächern wie Mathe, Physik oder Chemie abschreiben, in denen auch Lernen nicht mehr geholfen hätte. Besonderer Dank geht an Hanni, Renate und Werner! Meine Begabung lag im fremdsprachlichen Bereich und dort ließ wiederum ich bereitwillig abschreiben – sofern jemand Bedarf hatte. Man half sich gegenseitig, obschon auch hier wenige Ausnahmen die Regel bestätigten.

In diesem Alter endeten auch die Ausflüge zum Ponyhof, die ich bis dahin noch mit zwei Freundinnen unternommen hatte. Wir fuhren mit dem Rad hin und trieben uns stundenlang dort rum. Manchmal halfen wir ausmisten oder putzen. Gelegentlich führten wir die Ponys mit kleinen Kindern drauf, wenn die Eltern keine Lust hatten, selbst mit ihren Sprösslingen ums Karree zu laufen und kassierten dafür ein wenig Trinkgeld. Ab und zu konnten wir dann selbst ein Tier ausleihen. Doch es war nur ein Rumgehopse auf den Pferdchen, denn meinem anhaltenden Wunsch nach professionellem Reitunterricht gab auch mein Vater nicht nach. So gibt es in den folgenden Jahren (was die Tiere betrifft) wenig Bemerkenswertes zu erzählen. Das Leben nahm seinen Lauf mit allem, was dazu gehört wie Schule, Arbeit, Partys, Techtelmechtel, Liebeskummer und den anderen Geschichten, die eben ein Leben ausmachen.

Als ich achtzehn war, starb meine Großmutter im Alter von einundsiebzig Jahren. Ein Jahr darauf lernte ich meinen heutigen Mann kennen und über unsere Geschichte könnte ich ein eigenes Buch schreiben. Vielleicht tu ich das auch noch…
Nur soviel: 1984, Lumpiger Donnerstag in unserer Kreisstadt, damals das Faschingsevent, ein Klassiker sozusagen. Er ist einen Meter neunzig groß, hat eine Draculamaske aus Gummi auf dem Kopf und lehnt cool an der Bar einer Kneipe mit dem schillernden Namen Zur Glocke. Nach dem Abnehmen der Maske fordere ich ihn folgendermaßen auf:
„Hey du Zwerg, willst du mich küssen?"
Seitdem heißt er so.
Wenn also vom Zwerg die Rede ist, wisst Ihr, dass damit mein Ehemann gemeint ist.

Von der Pubertät bis ins junge Erwachsenenalter war Kater Waschti ein verlässliches Familienmitglied. Auch war er ein exzellenter Mäuse- und sogar Rattenfänger. Nach wie vor holte er sich im Eierlager seine Lecithinbombe, sprich Dotter, ab. Dort fand sich immer öfter ein dürres Bauernkätzchen ein, um sich bei meinem Vater auch etwas Essbares zu holen. Papa und die kleine Mieze freundeten sich an und er bearbeitete den Landwirt, sie ihm zu überlassen. Er nannte das weiß-schwarz gescheckte Etwas Jeannie. Sie war keine Schönheit, doch sie dankte meinem Vater die Aufnahme in unser Haus mit viel Anhänglichkeit und Liebe. Waschti und die Kleine kamen einträglich miteinander aus. Nach ein paar Monaten gesellte sich ein weiteres mageres Mädchen namens Snoopy dazu, eine Katze für Papas Frau. Schwarz war sie, mit weißen Socken und einem süßen Gesicht mit weißer Nase und weißem Latz. Auch dieses Tierchen überließ der Bauer – nach vielem Zureden – meinem Vater. Obwohl die beiden Katzendamen mit allem Möglichen aufgepäppelt wurden, holten sie die Unterversorgung nie mehr richtig auf und blieben verhältnismäßig klein, um nicht zu sagen mickrig. Meine Stiefmutter hatte große Angst davor, nach Paulchen, der überfahren wurde, noch einmal ein Tier zu verlieren und ließ die Mädels deswegen nicht nach draußen.
Waschti hatte weiterhin Freigang.
Da verhalf ein geöffnetes Dachfenster, das übersehen wurde, Jeannie zur Flucht. Überall suchten wir nach ihr – vorläufig ergebnislos. Doch drei Wochen später meldete sich jemand auf unseren Suchaushang und ich konnte sie wohlbehalten aus einem nur zweihundert Meter entfernten Schuppen, in den sie sich verkrochen hatte, abholen. Die Partnerschaft meines Vaters mit Irmgard kam nahezu zeitgleich zu einem Ende und so wurden Jeannie und Snoopy Scheidungswaisen.
Jeannie blieb bei Papa, Waschti sowieso und meine Stiefmutter nahm Snoopy mit.
Miezes Ausflug blieb natürlich nicht ohne Folgen, da sie noch nicht kastriert war und sie brachte einige Zeit darauf nur einen einzigen kleinen Kater zur Welt. Oskar war erst entzückend wie alle Katzenbabys, aber ab der Pubertät machte er seinem Namen, nämlich frech wie Oskar zu sein, alle Ehre. Man konnte den schwarz-weißen Halbangorakater ein bis dreimal streicheln, dann haute er unsanft zu, ohne Rücksicht auf Verluste und ohne Vorwarnung! Weil er als Baby eben so süß war und Einzelkatzen-

kind noch dazu, waren Papas halbherzige Erziehungsmaßnahmen nicht von Erfolg gekrönt. Das war die einzige Katze in meinem Leben, zu der ich gar keinen Draht hatte. Mein Vater war mehr als tolerant den Katzen gegenüber und nahm Oskar eben so wie er war.

Seine Mama Jeannie saß beim Essen oft auf Papas Schoß und deutete mit ihrer Pfote auf die Leckerbissen in seinem Teller, die sie gerne zu speisen wünschte. Damals fand ich das abartig, heute geht es mir mit den jetzigen Miezen ähnlich.

Na ja, vielleicht nicht ganz so schlimm.

Mittlerweile war Papa von der Wohnung im zweiten Stock wieder in die Wohnung im ersten Stock gezogen, da diese leer wurde und für ihn alleine vollkommen ausreichend war. Kurzerhand nutzte ich die Gelegenheit, ihm sein ehemaliges Domizil, die großzügigen Räumlichkeiten in der zweiten Etage, für Zwerg und mich abzuschwatzen.

Fleißig renovierten wir zwei unsere erste gemeinsame Behausung. Es waren eine Menge Quadratmeter zu füllen und meinem Vater sei Dank, war möbeltechnisch gesehen schon einiges vorhanden, wie zum Beispiel die bereits erwähnte Küche in Eiche hell, die echt ein Knaller war. Wohnzimmer und Schlafzimmer waren bereits durch schöne Einbauschränke raumgeteilt. Bett, Couch und Tisch hatten wir und das restliche Mobiliar wurde im Laufe der Zeit neu gekauft oder ausgetauscht, wie das eben bei den meisten zusammengewürfelten Wohnungen ist.

Nach Beendigung der Renovierungs- und Umzugsarbeiten wollte Kater Waschti wieder in die obere Wohnung – also jetzt zu uns – ziehen, worüber wir uns sehr freuten. Manch einer wird sich fragen, wie die Katzen denn in den ersten und zweiten Stock gelangten. Hier eine kurze Erklärung. Vom Erdgeschoß, in dem sich das Lebensmittelgeschäft befand, zum ersten Stock führte eine ganz normale Außentreppe und auf dieser Etage gab es eine wirklich große Terrasse. Von dieser Terrasse aus gab es eine Katzenleiter zum Balkon in der zweiten Etage. Fertig. Jedenfalls nutzten alle Katzen ganz selbstverständlich diese Möglichkeiten.

Waschti war wohl der Meinung, dass es sich im zweiten Stock bei uns passender leben ließe, ohne die Aufmerksamkeit mit Jeannie und Oskar teilen zu müssen. Auch wollte er seinen Sessel ungern teilen. Kam zum Bespiel mein Opa zu Besuch und war im Begriff, auf diesen Sessel zuzusteuern, erhob sich Waschti von wo auch immer, nahm seinen Platz majestätisch in Beschlag und Opa musste sich auf die Couch setzen.

Eine Weile funktionierte diese Dreier-WG mit Kater sehr gut – im August zogen wir ein und im Januar wurde ich schwanger. Es ist ja allgemein bekannt, dass Schwangere seltsame Gelüste und absonderliche Launen entwickeln. Plötzlich war ich scharf auf grobe, geräucherte Leberwurst, dafür konnte ich meinen heiß geliebten Schwarztee nicht mehr leiden. Das schlimmste war freilich, dass ich Waschtis Miauen nicht mehr aushielt. Es hörte und fühlte sich für mich an wie eine kreischende Kreissäge. In den ersten drei Monaten war mir sowieso nur übel und ich war dauernd müde, fast komatös. Bedauerlicherweise schrie ich den armen Kater an, der im Grunde gar nichts dafür konnte. Allerdings ließ mein schwangeres Nervenkostüm mir keine andere Wahl. So abgestraft und missachtet packte der geknickte Kerl seine Koffer und zog wieder zu meinem Vater ein Stockwerk tiefer.

Im Herbst 1988 wurde unsere Tochter geboren. Mein überempfindliches Gehör normalisierte sich und Waschti besuchte uns nun wieder häufiger. Es gibt ein sehr süßes Foto von uns. Ich sitze auf der Couch, den Säugling im Arm, der große schwarze Waschti an mich angelehnt und die klobige Milchpumpe auf dem Wohnzimmertisch – was für ein charmantes Bild! Das Baby ist mittlerweile schon erwachsen, hört aber trotzdem heute noch auf den Kosenamen Bebi.

Nur zur Wiederholung, Mann/Zwerg und Tochter/Bebi.

Jedenfalls blieb der Kater weiterhin Hauptmieter im ersten Stock und kam nur noch auf Stippvisite vorbei. Eine eigene Katze verkniff ich mir. Ich wollte den Erststockmiezen nichts Neues vorsetzen und hatte auch vorläufig mit meinem Nachwuchs genug zu tun

Leider starb ein Jahr später unser aller Kater Waschti.

Mein Vater war mit ihm zum Tierarzt gefahren, da dem Kater am Rücken die Haare ausgingen. Ich rief meinem Papa noch nach: „Bring ihn ja wieder mit!"

Warum ich das sagte? Ich weiß es nicht. Vielleicht eine Vorahnung...

Jedenfalls brachte er Waschti nicht mehr mit. Seine Nieren waren vergrießt und der Tierarzt schläferte ihn sofort ein. Der Kater war ein leidenschaftlicher Trockenfutterverzehrer. Damals war allerdings die Qualität noch nicht auf die Harnwege der Katzen, und vor allem der Kater, eingestellt, sodass die schmale Harnröhre des Tieres die Trockenfuttermenge nicht verkraften konnte. Wir fütterten zwar nie ausschließlich Trockenfutter, es gab natürlich auch täglich Nassfutter, doch damals war Trockenfutter eine Neuheit und so machten wir damit diese schmerzliche Erfahrung. Heute gibt es damit solche Probleme nicht mehr. Indessen befürworte ich immer noch die Mischfütterung. Trockenfutter allein finde ich persönlich zu einseitig.

Alle waren wir sehr traurig und unglücklich, dass dieser brave und anständige Kater uns bereits mit zehn Jahren verlassen musste. Auch Jeannie vermisste ihren Kameraden, ihrem impertinenten Sohn Oskar war es natürlich einerlei.

Als Bebi ein halbes Jahr alt war, machte mein Mann seinen Handwerksmeister. Eine Weile arbeitete er noch in seiner alten Firma als angestellter Meister weiter, doch im Sommer 1991 machte er sich mit seinem eigenen Betrieb selbstständig.

Im Handwerksbetrieb meines Mannes erledigte ich das Büro, für den Laden meines Vaters machte ich die Zeitungsremission und die Wäsche und schmiss unseren eigenen und Papas Haushalt. Mit Ende zwanzig verspürte ich so unglaublich viel Energie und ich wundere mich heute, wie ich so viele Aufgaben bewerkstelligen konnte. Unser Bebi wurde größer und kam mit vier Jahren in den Kindergarten. Jetzt hatte ich ein bisschen mehr Zeit für mich, und eine Freundin, die selbst ein Pferd hatte, brachte mich wieder auf eine alte Idee. Als ich ihr sagte, wie toll ich ihr Pferd fände und dass ich mir vorstellen könnte, wenn meine Tochter auch mal reiten möchte, es selbst wieder zu versuchen, entgegnete sie:
„Warte doch nicht auf deine Tochter, fang einfach selber an!"

Warum eigentlich nicht? Gesagt, getan.
Eine Zehnerkarte in einer nahe gelegenen Reitschule wurde gekauft. Oh mein Gott hatte ich Schiss vor der ersten Reitstunde und das meine ich im wörtlichen Sinn, denn ich musste an diesem Vormittag alle zwanzig Minuten auf die Toilette! Dem Anschein nach trug ich noch alle Ängste von damals in mir – nicht nur die eigenen, auch noch die von Oma und Opa und Papa und von wem sonst noch…
Endlich war es soweit: Ich war im Stall angekommen und mir wurde ein Pferd zugeteilt. Marengo hieß der gigantische Apfelschimmel. Manche

nennen so ein Trumm Pferd auch ‚Reitelefant'. Die Pferde und Ponys in meiner Jugend waren viel kleiner. Schon beim Putzen in der Box drehte sich mein Gefühlskarussell wie in Kinderzeiten. Von Angst bis Freude war wiederkehrend alles dabei. Die erste Stunde an der Longe verlief ganz passabel und auch die nächsten Stunden waren okay, aber was heißt schon okay.

Meine Freundin begleitete mich zu einer dieser Reitstunden und meinte, ich sollte vielleicht eine weitere Reitschule ausprobieren. Auf ihr Geheiß tat ich auch dieses und fing in einem anderen Stall erneut mit einer Longenstunde an, diesmal auf einem dunkelbraunen Pferderiesen namens Obelix. Der ging unvermittelt an der Longe durch, sodass ein dunkelroter, blutiger Striemen die Handfläche der Reitlehrerin zierte. Hartnäckig hielt ich mich dennoch im Sattel, nicht ohne kräftigen Gebrauch von den Zügeln zu machen, wofür ich auch noch einen Rüffel erhielt. In einer späteren Reitstunde ritt eine ältere Frau den Wallach und stieg tatsächlich ab, als dieser zu granteln begann. Erst nachträglich verstand ich ihr seltsames Verhalten.

Bei einer Veranstaltung wurden in der großen Reithalle Spiele und kleine Wettbewerbe ausgetragen. Von der Empore aus hatte ich einen prima Blick und beobachtete gespannt das bunte Treiben von oben. Ein junges Mädchen ritt Obelix an der Bandenseite (Wandseite). Der Wallach hatte augenscheinlich keine Lust auf das Spektakel und buckelte das Mädel gezielt aus seinem Sattel, so dass es hart gegen die Bande knallte.

Von da ab war ich bei der Pferdeverteilung nicht mehr scharf auf den Dunkelbraunen, da die Angst mich immer noch begleitete und durch dieses Erlebnis nicht weniger wurde. Butterweich zu sitzen war Fox, der aber in der Box reinster Sprengstoff war, da er es beim Hufauskratzen tatsächlich fertig brachte, mit einem von den drei am Boden verbleibenden Beinen noch nach dem Menschen zu treten. Fox in der Box war Drama.

Ebenso Rico, fein zu reiten, grauslig in der Vorbereitung, ganz gerne versuchte er, einen beim Putzen zu beißen, Fox übrigens auch. Da es nur einen Maulkorb gab, war die Vorbereitung eines dieser beiden Pferde sehr unliebsam.

Bei Milly war es umgekehrt, sie war lieb in der Box, doch in der Halle setzte sie fast jede Stunde einen Reiter in den Sand.

Am liebsten ritt ich Sunny, eine Fuchsstute, deren Wesen mir auch viel angenehmer war, obwohl sie gerne kleine Buckler machte, die ich jedoch ganz gut aussitzen konnte.

Leider wurde dem eigenen Wunsch selten entsprochen. Es hieß, man müsse mit jedem Pferd zurechtkommen. Auch beim Aufsteigen war eine Hilfestellung nicht gerne gesehen und einige andere, heute längst überholte Glaubensvorstellungen, machten mir den Einstieg in die Reiterwelt schwer.

So verwundert es kaum, dass diese Art von Horsemanship, die nicht meinem ureigenen Wesen entsprach, dazu führte, dem Regelreitschulbetrieb den Rücken zu kehren. Es ist mir einfach unverständlich, dass es Mensch und Tier so mühselig gemacht wurde.

Im nächsten Kapitel wird klar, warum ich trotz allem genau in dieser Reitschule gelandet bin.

6 – Sepp – Vom Baby zum Meister

Es ist ein unermesslicher Glücksfall, wenn man einen Teil seines Lebens mit einem solch besonderen Wesen verbringen darf. Wir durften so viel von ihm lernen und – wie eingangs erwähnt – gäbe es auch dieses Buch nicht ohne jenen Kater.

Sepp trat kurz vor Allerheiligen im Jahr 1992 in unser Leben.
Zum damaligen Zeitpunkt war ich der Überzeugung, ich müsse unbedingt Reitstunden nehmen, um den Teil aufzuholen, den ich in meiner Kindheit nicht leben konnte.
Heute weiß ich, dass ich nicht nur deswegen wieder anfing zu reiten. Denn nur dort bot sich mir die Gelegenheit, diesem außergewöhnlichen Kater zu begegnen.
Nach einer Reitstunde im Spätherbst hielt ich ein kleines Schwätzchen mit dem Stallburschen, wir waren die letzten im Stall. Da es schon spät und dunkel war, verabschiedete ich mich mit einem: „Servus Herbert, bis nächste Woche!"
Unbedarft ging ich am Scheunentor vorbei und entdeckte im fahlen Licht zwei Kätzchen. Juhu, dachte ich mir, da ich schon seit längerem wieder offen für einen bepelzten Begleiter war. Waschtis Tod war jetzt zweieinhalb Jahre her und ich sehnte mich erneut nach einem Katzenfreund. Rasch bückte ich mich und versuchte eines der beiden zu erwischen. Allerdings hegten die zwei Miezen nicht dasselbe Interesse für mich und verschwanden flink in einer kleinen Aussparung des hölzernen Tors. Dann eben nicht. Enttäuscht wandte ich mich ab und wollte meinen Weg zum Auto fortsetzen, da hörte ich ein zartes, fast klägliches Miauen, das aus der unbeleuchteten Ecke des Gebäudes kam.
Da war er, der Sepp.
Ein kleines, silbergrau getigertes Wesen saß am Boden und blickte mich aus dem Dunkel an. Behutsam nahm ich ihn auf den Arm, was er ohne Gegenwehr geschehen ließ. Sofort hörte er auf zu maunzen. Ich rief Herbert, um ihn zu fragen, ob ich das Viecherl mitnehmen dürfe. Natürlich war seine Antwort positiv. Somit wäre ein Fresser weniger am Hof. Vom Stalltelefon aus rief ich meinen Mann an und erzählte ihm von meinem Fund.

Der Gatte hörte sich die Geschichte kurz an und meinte dann, dass ich ihn halt mitnehmen solle. Hocherfreut marschierte ich mit dem neuen Familienmitglied zum Auto, um nach Hause zu fahren, Sepp verhielt sich vorbildlich. Die ganze Fahrt lag er auf meinem Schoß und machte keinen Mucks. Ich trug ihn in unsere Wohnung, um den kleinen Kerl meinem Ehegespons vorzustellen, unsere Tochter schlief längst. Mein Mann betrachtete das zwergenhafte Geschöpf eingehend. Im hellen Wohnungslicht konnte auch ich viel besser sehen, was ich uns da eingefangen hatte. Den Silbertiger hatte ich ja bereits ausgemacht. Sepp war wirklich winzig und sehr dünn, die Augen waren verklebt – wie das bei Stallkatzen häufig der Fall ist. Außerdem duftete er auch danach. Alles in allem war mein großer Zwerg überhaupt nicht so begeistert von dem kleinen Zwerg wie ich.

Erst mal bekam der hungrige kleine Kater eine kräftige Mahlzeit. Anschließend säuberte ich seine verklebten Augen, was er anstandslos über sich ergehen ließ. Satt und zufrieden ruhte er nun auf der Couchlehne und blinzelte uns freundlich an.

Ich bin entzückt. Mein Mann nicht.
Direkt entspinnt sich die Diskussion. Oh jemine!
Der Gemahl stellt sofort und unmissverständlich klar, dass er sich weder um stinkendes Katzenfutter noch um stinkende Katzenklos bemühen werde. Auf einmal!
Diese jähen Schwankungen machen mir bis heute zu schaffen. Na super!
Da ich ihn ja schon eine Weile kenne und ich um diese Uhrzeit keine Kraft mehr habe, mich dieser Auseinandersetzung zu stellen, treffe ich eine harte Entscheidung. Entschlossen nehme ich das dünne Fellbündel, greife nach dem Autoschlüssel und fahre wieder zurück zum Stall. Ungefähr um Mitternacht schiebe ich den kleinen Buben durch das Loch im Scheunentor. Wenigstens hat er den Magen voll und es ist noch nicht so lange her, dass er an diesem Ort war. So hoffe ich, dass dieser dreistündige Ausflug ihm nicht arg schaden würde. Es ist furchtbar, ich heule die ganze Fahrt und denke keine schönen Sachen über meinen Mann. Als ich heimkomme, schläft der schon seelenruhig. Bei diesem Anblick bekomme ich sämtliche Zustände, sodass ich ihn auf der Stelle erwürgen könnte.
Diese Nacht ist grauenvoll und ich bin stinksauer.

Zu seiner dürftigen Verteidigung gibt es anzumerken, dass er vollkommen tierlos aufwuchs und erst mit Waschti seine ersten Katzenerfahrungen machte. Noch dazu war er dermaßen mit seinem Unternehmen beschäftigt und hatte für andere Dinge kaum einen Blick.

Am nächsten Morgen erzählt er Bebi von unserem vorabendlichen Gast. Aha, nun kommt die Kehrtwendung und geschickt halte ich mich zurück. Er ist am Ball und das Tor soll er auch selbst schießen – ein Eigentor quasi. Unser Kind wird nun von ihm instrumentalisiert, indem er auf die Kleine einquasselt und ihr sagt, dass sie mir sagen soll, dass ich das Kätzchen wieder hole. Man darf sich jetzt nicht wundern. Er ist Widder mit Aszendent Skorpion – ein Widerspruch in sich! Seine Art bleibt zeitlebens erhalten, wenngleich mit fortschreitendem Alter in etwas abgeschwächter Form. Es kann halt keiner aus seiner Haut. Meine astrologische Jungfrau hat mir dafür sehr viel Realismus, Strategie und Geduld in die Wiege gelegt. Genau wäge ich den richtigen Zeitpunkt ab, um ihm mitzuteilen, dass ich das Katerchen auf keinen Fall mehr holen würde. Wenn, dann müsse er sich schon selbst bemühen. Mit diesem Trick gelingt es mir zumindest, ihm eine Teilverantwortung an dem Projekt Katze aufzuerlegen. Folglich machen wir drei uns am Nachmittag gemeinsam auf den Weg zum Reitstall, um Sepp in sein neues Zuhause zu holen. Dieses Mal ist das Scheunentor offen und die Katzenhorde vertilgt gerade ihre Mahlzeit, verteilt auf zwei großen Heuballen. In meiner Erinnerung sind es mindestens zehn bis fünfzehn Katzen in allen Größen. Beschwören möchte ich das aber nicht.
Sepp erkenne ich sofort: Er ist der Kleinste von diesem Herbstwurf und irrt unbeholfen in der Katzenmenge herum. Die anderen sind alle kräftiger und der Wurm kommt einfach nicht zum Zug. Schnell fangen wir das magere Katzenkind ein und treten erfreut den Heimweg an.

Eine Bemerkung zu den so genannten Herbstkatzen, aus denen angeblich nichts wird und die in Bayern bisweilen sogar ‚Verreckerle‘ genannt werden:
Wenn man so kleine Katzen bei Herbst- oder gar Winterkälte in einem ungeheizten Stall ohne ausreichende Nahrungszufuhr vor sich hin vegetieren lässt, kann man sich ausmalen, dass nicht viel daraus werden kann. Eine Kätzin, die einen Wurf zu versorgen hat, muss mindestens fünfzehn

Mäuse am Tage erbeuten, um mit ihren Babys über die Runden zu kommen! Ohne Zufütterung ist es sehr unwahrscheinlich für eine Katzenmutter, dies zu schaffen, da die Mäuse auch keine Würfe mehr haben und sich im Herbst und Winter zurückziehen. Meine persönlichen Erfahrungen mit diesen in der späten Jahreszeit geborenen Katzen sind dagegen fabelhaft!

Unser Herbstkater kommt nun ins Warme und wird ordentlich gefüttert. Eine Katzentoilette kennt er nicht. Darum muss ich beharrlich so lange aufpassen, bis er sein Geschäft machen muss. Er verkneift es sich lange, obwohl ich ihn immer wieder ins Kistchen setze. Gegen Mitternacht ist es endlich soweit und der kleine Bub erleichtert sich in seinem Klo. Nach Beendigung lobe ich ihn überschwänglich und belohne ihn mit einer Leckerei, wofür er sich mit lebenslanger Stubenreinheit revanchiert. Die sonstige Grunderziehung – wie zum Beispiel das Untersagen von Möbelkratzen und dergleichen – läuft bestens. Allerdings war ich zu der Zeit mehr als konsequent, sowohl mit dem Kater als auch mit Bebi.
Die erste Nacht verbringt Sepp, den Namen hat er im Übrigen von meinem Mann bekommen, noch alleine im Wohnzimmer. Erschöpft falle ich ins Bett. Die beiden letzten Tage hatten es so in sich, sodass ich auf der Stelle einschlafe. Da ich als Eule morgens naturgemäß länger schlafe, kommt mein früh aufstehender Lerchenmann in den Genuss, dem kleinen Sepperl nach seiner ersten Nacht einen guten Morgen zu wünschen. Der Kleine ist so froh, dass er nicht mehr isoliert ist und schmeißt sofort die Brummsel an, will heißen: Er schnurrt erleichtert, was das Zeug hält. Von da an braucht er nie wieder alleine schlafen, denn er tauscht ab der nächsten Nacht sofort das Wohnzimmer gegen unser Schlafzimmer.

Jetzt sind wir also zu viert in der Familie, zwei Kerls und zwei Mädels! Bebi und Sepp verstehen sich zumeist prima. Nur manchmal ist Bebi ein bisschen eifersüchtig. Das Temperament des Katers ist sehr ausgeglichen und er dankt uns das Herausholen aus dem Stall sein ganzes Leben. Die ersten Monate frisst er ohne Ende und holt das auf, was er in der großen Katzensippe entbehrte. Dieser großartige Kater begleitet uns von nun an neunzehn Jahre und ein Tier wie dieses hatte ich noch nie und wahrscheinlich wird es so eines in diesem Leben auch nicht mehr geben. Seine Art war so besonders, dass wir erst nach seinem Tod den vollen Umfang seiner Wesenheit begriffen. Sicher ist jedes Tier, wie auch jeder Mensch, einzigartig, doch es gibt immer die berühmten Ausnahmen, die ganz und gar außergewöhnlich oder speziell sind. Der Kater kratzt und beißt nicht, er schmust mit Leidenschaft und liebt es, auf dem Rücken zu liegen und sich die Plauze kraulen zu lassen. Wenn ich ihn rücklings in meinen Schoß setze, bleibt er dort gelassen sitzen. Als Katzenbaby hat er wie ein Menschenbaby Koliken, die ich ihm mit Bauchmassagen erleichtere, was er sichtlich genießt. Er spricht sogar mit uns. Es gibt ein Video mit ihm, in dem man sieht, dass er das Plaudern schon in der ersten Woche angefangen hat. Jeden Zuspruch beantwortet er mit einem zärtlichen Maunzen. Sepp ist rundum ein Schatz und wir sind sehr glücklich, ihn bei uns zu haben.

Als er ein bisschen größer ist, darf er an schönen Tagen auf den Balkon. Jetzt kommt der unmögliche Kater Oskar wieder ins Spiel. Babysepp wird bei einem seiner ersten Ausflüge dermaßen von Oskar ohne jegliche Vorwarnung attackiert, dass das kleine Katerchen sich vor Angst einmacht! Aus Leibeskräften plärre ich den Eindringling an, sodass der schleunigst das Weite sucht und über die Katzenleiter wieder schreifreies Terrain im ersten Stock sucht. Dieses Mistvieh! Ich erwähnte ja bereits, dass Oskar das einzige Katzentier war, zu dem ich absolut keine Verbindung fand. Denkbar, dass er eine Vorahnung vom späteren Sepp hatte und die Chance nutzen wollte, sich seiner zu entledigen. Von nun an passe ich auf meinen kleinen Kater besonders gut auf, jedenfalls so lange, bis er groß genug ist und darauf muss ich nicht lange warten.

Wahrscheinlich war unter seinen Ahnen mal eine Rassekatze. Am ehesten sieht er aus wie eine Ägyptische Mau, wobei sein Kopf an einen Luchs erinnert. Er hat grüne Augen, sein seidiges, silbern-schwarz getigertes Fell lädt zum Dauerstreicheln ein und seinen weißen Bauch lässt er sich allemal gerne kraulen.
Mit zehn Monaten wird er kastriert und als er daheim im warmen Badezimmer aus seiner Narkose aufwacht, sitze ich neben ihm auf dem Boden. Sepp hat nichts Besseres zu tun, als auf meinen Schoß zu kriechen! Mir treibt es die Tränen in die Augen. Sein Zutrauen in mich ist unbeschreiblich. Nach der Kastration wächst er tüchtig weiter und zwar in die Länge

und in die Höhe. Gott sei Dank nicht in die Breite. Zu seinen besten Zeiten wiegt der beeindruckende Kater stolze acht Kilogramm!
Sein Äußeres ist beachtlich, doch innen drin kann er ganz klein sein. Das Riesenformat ist ihm nicht bewusst, denn zum Schmusen legt er sich auf meine Brust, dass ich kaum noch Luft bekomme oder mir, auf der Couch liegend, durch seine Größe der Blick auf den Fernseher versagt ist. Sein Blick ist von Liebe durchdrungen, sein Magen eher von Appetit. In seiner Wachstumsphase verspeist er unendliche Mengen. Selbstverständlich schläft der Herr im Bett – mit kleinen Einschränkungen. Zur Zeckenzeit muss er erst auf einer Sitzbank schlafen, die direkt am Ende des Bettes steht. Die Worte: „Sepperle, bleib da unten bis die Zecken bei dir angedockt haben!", verstand er erwiesenermaßen. Nie hat eine Zecke uns gestochen. Er bringt sie zwar mit und nährt sie notgedrungen, aber nur so lange bis wir sie wieder entfernen. Auch das lässt er bereitwillig geschehen. Einzig eine Marotte hat er. Wenn Bebi an seinem Kratzbaum vorbeimarschiert, kann er es nicht lassen, mit seiner Pfote in ihr lockiges, buschiges Hinterkopfhaar zu grapschen – natürlich ohne sie dabei zu verletzen.
Tierarztbesuche verlaufen problemlos, was bei seiner Größe ein Segen ist. Ein Veterinär meinte einmal, dass er, wenn er wollte, die ganze Praxis zerlegen könne. Dem guten Tier liegt so ein Ansinnen vollkommen fern. Er hat es jedoch gerne, die Praxis vor der Untersuchung freilaufend zu inspizieren.
Mittlerweile ist Sepp Oskar schon längst über den Kopf gewachsen und hat nichts mehr zu befürchten. Selbst den zahlreichen Mardern, die uns manche Nacht mit ihrem grässlichen Geschrei verleiden, weicht er nie aus. Er ist weder Raufbold noch Schisser und es hat etwas Majestätisches, wie souverän er seine Runden zieht. Nach wie vor wohnen wir an der Hauptstraße und naturgemäß schwingt die Angst mit, dass er, wie zum Beispiel Paulchen, unter die Räder kommen könnte.
Als ich eines Abends die Blumen auf dem der stark befahrenen Straße zugewandten Balkon gießen will, bemerke ich Sepp, der unten steht und interessiert etwas auf der anderen Straßenseite fixiert. Intuitiv schütte ich die volle Gießkanne über das Balkongeländer auf meinen geliebten Kater. Der Überraschungsguss wirkt Wunder. Wie vom Blitz getroffen zischt er ab. Der Bub meidet von da an die Vorderseite des Hauses und vergrößert sein Revier zur hinteren, ungefährlichen Seite.

Gott sei Dank hat er mich nicht bemerkt und sein Vertrauen in mich ist ungebrochen.

Die Erinnerung an diesen Gefährten ist so präsent und die Gefühle sind so tief in mir verankert, dass mir erst jetzt auffällt, dass ich beim Schreiben über Sepp in die Gegenwartsform gerutscht bin.
Bevor Sepp und ich uns fanden, startete ich den einmaligen Versuch, einer Tierheimkatze eine neue Bleibe geben zu wollen. Leider war die Leitung des Katzenhauses mit meiner Freigängerhaltung nicht einverstanden. Alle gewünschten Punkte erfüllte ich, doch daran scheiterte eine Vermittlung.

An diesem sensiblen Thema scheiden sich die Geister. Sicher kann manches Katzenleben in einer Wohnungshaltung ein paar Jahre länger dauern. Aber ist das für das Tier auch lebenswert? Oder ist einfach für uns Menschen der mögliche Verlust des geliebten Wesens so schlimm, dass wir ein so freiheitsliebendes Tier wie die Katze in eine Wohnung sperren? Katzen sind Strahlensucher, die sich gerne auf Wasseradern und andere Störzonen legen. Allerdings müssen sie diese auch von Zeit zu Zeit wieder abbauen und das funktioniert nur draußen. Für mich stellt sich die Frage nicht, da wir auf dem Land leben und ich ein schlechtes Gewissen den Katzen gegenüber hätte, wenn ich sie einsperren würde. Ich liebe es, mit ihnen im Garten zu sein, sie zu beobachten, wie sie sich im Gras wälzen, mit Blättern spielen und ihre Nasen in den Wind halten. Sie klettern auf Bäume und Schuppendächer, erkunden Plätze, von denen wir keine Vorstellung haben oder jagen sich gegenseitig über die Wiese. Leben will mit allen Sinnen genossen werden: Sehen, hören, riechen, schmecken und fühlen. Mäuse jagen, Fliegen fangen und auch mal einen Käfer fressen. Wollen wir in einem Käfig, auch wenn er golden sein sollte, leben? Es mag so manche Katze geben, die freiwillig im Haus bleibt, dann ist das eben ihre Wahl. Katzen sind die einzigen Tiere, die man überhaupt auf diese Art und Weise halten kann. Sie gehören zur Familie und kommen und gehen, wie sie wollen. Machen Sie das mal mit Pferd, Hund oder Meerschweinchen! Das klappt in der Regel nicht. Persönlich würde ich eher auf eine Katze verzichten als sie in einer Hochhauswohnung in einer Stadt (fest) zu halten.
Verluste durch Zug oder Auto kenne ich sehr gut. Den bitteren Schmerz, den man fühlt, wenn ein geliebtes Tier aus dem Leben gerissen wird.

Darüber habe ich unendlich viele Tränen geweint. Trotz allem gebe ich meinen Katzen die Möglichkeit, die Freiheit zu erleben, wenngleich sie bei einigen nicht lange dauerte...

Von einer Bekannten wurde mir folgende Geschichte, die zu diesem Thema passt, übermittelt.
Im Auslandsurlaub stolperte eine katzenbegeisterte Frau über ein bemitleidenswertes Wesen, das sie unbedingt retten musste. Das arme Kätzchen wurde zum Tierarzt gebracht und keine Kosten und Mühen wurden gescheut, das Tier körperlich fit für die Einreise nach Deutschland zu machen. Ganz zu Schweigen vom Papierkram, der für eine Privatperson eine echte Herausforderung ist. Doch auch diese Beschwerlichkeiten wurden erfolgreich gemeistert. Nachdem endlich sämtliche Strapazen vergessen waren, lebte sich die Samtpfote wunderbar ein, nahm an Gewicht zu, wurde immer zutraulicher und es herrschte eitel Sonnenschein. Trotz alledem war die Katastrophe nicht aufzuhalten. Es war kein Auto, das dem Tier zum Verhängnis wurde. Nein, unglücklicherweise klemmte die Besitzerin ihre Mieze so folgenschwer in ihrem Gartentor ein, dass diese es nicht überlebte.

Damit will ich einfach sagen, dass man noch so sehr aufpassen oder alle möglichen Hebel in Bewegung setzen kann und dann schlägt das Schicksal trotz sämtlicher Vorsichtsmaßnahmen grausam zu.

Auf das Leben gibt es keine Garantie. Nur der Tod ist gewiss.

Bis zu Sepps Tod vergehen Gott sei Dank noch viele Jahre und es gibt zahlreiche Erlebnisse mit ihm, über die ich noch berichten werde.

7 – Liegt das Glück der Erde auf dem Rücken der Pferde?

Die Enttäuschung über den verdrießlichen Regelreitschulbetrieb wurde mir gottlob mit unserem Sepp versüßt. Nur wenige Monate nach unserem Zusammenkommen ließ ich das Reiten dort ganz. Sogar auf dem Ponyhof, wo ich mich als Kind und Jugendliche schon aufhielt, versuchte ich noch einmal mein Glück. Auch das hätte ich mir sparen können, wie folgendes Erlebnis zeigt.

Ein guter Freund kam zu Besuch und brachte seinen Sohn Moritz mit. Unsere Tochter und Moritz, beide fünf Jahre alt, wünschten sich einen Ausflug zum Ponyhof, da waren sich die zwei einig. Warum nicht? Frische Luft hat bekanntlich noch niemandem geschadet. In einem Anflug von Übermut zog ich meine Reitsachen an und packte sogar meine Reitgerte mit ein – wie fachmännisch. Die Väter konnten ihre Sprösslinge auf die Ponys setzen und diese herumführen. Ich hingegen würde mir selbst ein Pferd leihen und meine Reitkünste unter Beweis stellen. Es gab ja den altbekannten, halbstündigen Rundweg und so hielt sich das Risiko in Grenzen. Zwei Ponys für die Kinder waren schnell gefunden und die Papas zottelten mit ihrem Nachwuchs im Schlepptau los. Mir wurde der braune Wallach Sammy verliehen, mit dem ich hinter der gemischten Truppe herzog. Zwischendurch versuchte ich mein Reitschulwissen an Sammy auszuprobieren, indem ich ihn ein paar Schritte rückwärts richtete oder eine Volte ritt. Der Braune war nicht sonderlich an diesen Übungen interessiert und dementsprechend eierten wir den Rundweg mehr schlecht als recht entlang.

Schön reiten sieht anders aus. Die Pferde kannten den Weg in- und auswendig und so wunderte es nicht, dass sich der Weg bis zum Wendepunkt recht zäh gestaltete. Danach setzte indes der Stalldrang ein. Damit ist gemeint, dass das Tempo vom Vierbeiner Richtung Heimat kontinuierlich gesteigert wurde. Je schneller daheim, desto schneller Ruhe vor dem lästigen Reiter. Mein Mann und sein Kumpel hatten die Miniponys mit den Kiddies ganz gut im Griff, doch Sammys und meine Auffassung über Tempo und Gehorsam differierten ziemlich. Erwähnenswert ist auch, dass es ein kalter November war, also recht ungemütlich auf diesem vereisten

Weg. Dreiviertel des Rückweges hatten wir hinter uns, Sammy und ich mit einem guten Vorsprung vor den Kindern, den er offensichtlich noch auszubauen gedachte. Der Weg führte an einem Bretterzaun entlang. Zum einen, um die Koppeln einzugrenzen, zum anderen bestimmt auch, um die Experimentierfreudigkeit von Pferd, Reiter oder beiden einzuschränken. Vielleicht wollte mich der Wallach auch am Zaun abschaben, denn dass wir so dicht daran schrappten, war nicht meine Idee.

Just als wir um die Ecke der Umzäunung bogen, rutschte Sammy die Hinterhand auf dem frostigen Boden weg und er setzte sich fast hin. In diesem Moment verlor ich auch noch die Steigbügel. Sprungfederartig schoss das Pferd aus den Hanken und jagte wie von der Tarantel gestochen die Zielgerade zum Stall entlang.
Wie durch ein Wunder hielt ich mich im Sattel und reagierte unvorstellbar gelassen. Meine Gerte war überflüssig geworden und so warf ich sie weg. Meine Füße fädelte ich wieder in die Steigbügel und für Sammy fand ich beruhigende Worte. Es ist mir heute noch ein Rätsel, wie ich es schaffte, dieses Pferd nach zweihundert Metern abzubremsen und die letzten Meter beschaulich im Schritttempo zur Stallung zu reiten.
Dafür setzte nach dem Absteigen der Adrenalinschub in Form von heftigem Herzrasen und weichen Schlotterknien ein. Ein Pferdemädchen vom Hof, wie ich einst eines war, wies mich vorwurfsvoll darauf hin, dass man mit dem Wallach auf keinen Fall galoppieren dürfe, da er so schlechte Sehnen hätte. Ich erwiderte nur, dass sie das ihm sagen müsse, denn mein Plan war das unzweifelhaft nicht.

Nach einer guten Weile schafften es auch die restlichen Ausflügler auf den Hof. Die Männer hatten meinen Stunt gesehen, waren sich aber nicht sicher, ob es Absicht war oder nicht! Noch heute erzählt Zwerg gerne davon. Vor allem wie mein Pferdeschwanz während des rasanten Rittes waagrecht im scharfen Luftzug nach hinten wehte.

Durch diese tollkühne Episode wurde meine Angst nicht weniger und ich hatte keine Lust mehr, meine wertvolle Freizeit mit einem mehr als flauen Gefühl im Magen zu verbringen. Unerschütterlich war ich der Meinung, dass es doch noch andere Möglichkeiten geben musste, einen würdevollen Kontakt mit Pferden aufbauen zu können.

Da bekam ich zu meinem dreißigsten Geburtstag als Geschenk nicht nur Modellpferde aus Kunststoff, wie bereits erwähnt. Nein, meine Schwester und mein Vater schenkten mir jeweils ein Wochenendseminar in einem fünfzehn Kilometer entfernten Pferdehof. Dort war der Ansatz mit Pferden umzugehen ein gänzlich anderer als der, den ich bisher kannte. Im Vordergrund stand die achtsame Begegnung mit den Tieren. Keines der Pferde biss oder trat. Alle waren wohlerzogen und man lernte sich in einem sehr pferdegerechten Umfeld kennen. Die Offenstallhaltung war vorbildlich und der Umgang untereinander respektvoll. Auf diese beiden Wochenendseminare folgten etliche andere Kurse und so nahm ich sehr viel mit und hatte insofern Blut geleckt, dass der Wunsch nach einem eigenen Pferd nun nicht mehr zu bremsen war.

Gerti, die Besitzerin, gab nicht nur Reit- und Bodenkurse, sondern war auch eine ausgebildete Hippotherapeutin. Vereinfacht ausgedrückt ist Hippotherapie eine Form von Krankengymnastik auf dem Pferd. Vor allem Menschen mit Lähmungen oder Verkrampfungen können von diesen Anwendungen profitieren. So entstand langsam der Plan, ein Pferd zu finden, das sowohl für mich, als auch für die Hippotherapie auf dem Hof geeignet wäre. Wenn mein zukünftiges Pferd seinen Beitrag dazu leisten würde, könnte das von der Stallmiete abgezogen werden. Das klang wahrlich einleuchtend und unschwer durchführbar. Noch eine Reitbeteiligung und die Kosten wären halb so schlimm. Dieses neue Projekt war unwahrscheinlich aufregend für mich und selbst mein Mann konnte mich nicht mehr aufhalten. Endlich sollte mein Kindheitstraum wahr werden und wenn ich mir mal etwas in den Kopf gesetzt habe, kann ich sehr beharrlich sein.
Die Suche begann.

Internet und Ebay waren noch Fremdwörter, aber es gab die „Kurz & Fündig", eine regionale Zeitung mit kostenlosen Kleinanzeigen. Fleißig studierte ich die Offerten und das ein oder andere Pferdchen wurde angeschaut. Es war ernüchternd, ein Reinfall nach dem anderen, nichts war für mich dabei.
Ein Norwegerpony in der Nähe von Zusmarshausen wurde mir folgendermaßen angepriesen: „Gibscht ma fünfazwanzghundat, na kannscht'n mitnemma, an Gaul und d'Kutschn!"

Sollte heißen, dass ich das alte Pony für zweitausendfünfhundert Mark inklusive Fahrgeschirr und einem schwer definierbaren, fahrbaren Untersatz hätte käuflich erwerben können.

Teddy hieß das übernatürlich behaarte Wesen, dessen Fell seinem Namen mehr als Ehre machte. Brav wäre er sicher gewesen, denn viel Energie steckte wahrlich nicht mehr in dem Senior, da er seine besten Zeiten erkennbar hinter sich hatte. Sein Temperament entsprach im Grunde dem, was ich suchte, doch lange hätte ich davon nicht mehr profitieren können, war Teddy bereits auf den letzten Metern der Zielgerade seines spürbar langen Lebens.

Abgesehen davon, dass ein Mitleidskauf nicht in Frage kam, soviel war mir immerhin klar, wollte ich im Grunde ein geschecktes Pferd. Nach Little Joe's namenlosem Schecken, Plastik-Flicka und Ponyhof-Diana war ein einfarbiges Ross keine Option mehr für mich. Ein Qualitätsmerkmal für Reitbarkeit ist die Farbe sicher nicht und ein Hufschmied ließ einmal folgenden Satz fallen: „Nur ein toter Schecke ist ein guter Schecke!"

Er hatte mit den Bunten augenscheinlich schlechte Erfahrungen gemacht, wobei man mit jeder Farbvarietät gute und schlechte Erfahrungen machen kann.

Zurück zum Therapiepferd. Zu groß sollte der Vierbeiner auch nicht sein, aber trotzdem ein Gewichtsträger. Für das therapeutische Reiten sind das zwei entscheidende Kriterien. Erstens ist es wichtig, neben dem Pferd gehen zu können und unmittelbaren Kontakt zum Patienten zu halten. Das ist mit einem großen Ross schwer umsetzbar. Zweitens muss das Tier trotz der etwas geringeren Größe zum Beispiel auch mal einen erwachsenen Mann tragen können. Der wichtigste Punkt ist allerdings die Verlässlichkeit.

Beim Abchecken all dieser Merkmale kam ich auf die Rasse der irischen Tinker. Das Wort bedeutet nichts anderes als Kesselflicker und in Irland wurden diese Kleinpferde ursprünglich vom fahrenden Volk verwendet, die sich mit dem Kesselflicken Geld verdienten. Diese Rasse wurde in den höchsten Tönen gelobt und elementare Faktoren wie Verlässlichkeit, Genügsamkeit und Menschenbezogenheit wurden offenkundig erfüllt. Das hörte sich doch nach meinem gesuchten Wunderpferd an!

Nun inserierte ich selbst in der Zeitung, um Menschen zu finden, die mit diesen Pferden schon Erfahrungen gesammelt hatten, denn diese Rasse war in den Neunzigern in Deutschland noch sehr dünn gesät. Auf meine Anzeige meldete sich eine junge Frau namens Lina und wir trafen uns zum Austausch. Lina berichtete mir, dass die Qualität der importierten Tinker noch unzumutbar sei. Die wirklich guten Pferde blieben in Irland und nur die Tiere, die die Iren nicht für zuchttauglich befanden, wurden exportiert. Die inländische Zucht steckte also noch in den Kinderschuhen und so machte sie sich direkt auf den Weg nach Irland, um ihr Pferd vor Ort zu suchen und zu finden. Vorab hatte sie bereits Kontakt mit einem deutschsprachigen Pferdezüchter und Pferdehändler auf der grünen Insel aufgenommen, der sie bei ihrer Suche begleiten wollte. Dieses Vorhaben imponierte mir kolossal. Lina hatte ihr Leben lang Pferde und leider mit ihrem damaligen Wallach Milan bei einem Ausritt einen Schädelbasisbruch erlitten. Milan wollte sie nicht mehr reiten, was mehr als verständlich war, und jemand anderem wollte sie ihn auch nicht geben. So durfte der (gescheckte) Wallach in Frührente gehen. Da sie aber mit dem Pferdevirus infiziert war (und immer noch ist), war sie der Überzeugung, im Tinker unumstößlich das Verlasspferd zu finden. Tatsächlich entdeckte sie in Irland ihr Herzibobbele Geronimo. Der Kauf ging zügig vonstatten und nebenbei erzählte sie ihrem irischen Begleiter von mir und meiner Pferdesuche.

Zurück in Deutschland, erfuhr ich alles über ihre Erlebnisse auf der grünen Insel. Geronimo sollte in drei Wochen mit dem Transporter via Fähre gebracht werden.

Meine Güte, war das alles spannend! Zwei Tage darauf folgte der Oberknaller:

Linas Händler aus Irland rief bei ihr an und meinte, er hätte einen super Tinker für mich. Ein schwarz-weiß geschweckter Wallach, sechs Jahre alt und gaaaaaaanz brav. Die Entscheidung musste schnell gefällt werden, da auf dem Transporter mit dem auch Linas Geronimo gebracht werden sollte, nur noch ein Platz frei war. Normalerweise überschlafe ich jede Entscheidung, doch das ging zeitlich nicht und so kaufte ich tatsächlich aus freien Stücken ein Pferd per Telefon!

Ein Pferd, das ich noch nicht einmal gesehen hatte, geschweige denn berührt oder gar geritten. Da ich den Preis von fünftausend Mark inklusive Überführung in Ordnung fand, tätigte ich tatsächlich die Auslandsüberweisung.

Wie spontan, bescheuert, bekloppt und blöd kann man eigentlich sein?!?
Die elendige Suche in Bayern hatte ich satt und das Ross musste jetzt einfach her – koste es was es wolle. Sogar Tarotkarten ließ ich mir vorab legen und die verhießen nichts Gutes. Manchmal muss das Schicksal einfach gelebt werden. Ob die Erfahrungen, die wir machen, gut oder schlecht sind, spielt letztendlich keine Rolle und mein Kindheitstraum würde sich bald zum Alptraum entwickeln…
Doch die unbeschreibliche Vorfreude überwog alles. Hurra!
Endlich das lang ersehnte und bestimmt heiß geliebte eigene Pferd. Was für eine wundervolle Aussicht! Ganz aus dem Häuschen wurden elementare und weniger bedeutsame Dinge organisiert. Von der Erstunterkunft des Rosses bei Freunden in unserem Dorf (da unser Neuzugang aus wichtigen Gründen die ersten beiden Tage nicht auf Gertis Pferdehof sein konnte) bis hin zu ganz profanen Dingen wie Führstrick und Futtereimer.

Vom Telefonkauf bis zur Ankunft vergingen keine drei Wochen. Zwei Tage vorher wurden wir mit dürren Informationen aus den spärlichen Festnetztelefonaten versorgt, wann der Pferdetransporter ungefähr auftauchen würde.
Leider hatte Lina, respektive ihr Geronimo, unglaubliches Pech. Nachdem meine Freundin ihr Schätzchen in Irland bezahlt hatte, erachtete der charakterlose Verkäufer es nicht mehr für notwendig, das Tier zu füttern. Die magere Weide alleine reichte dem armen Kerl hinten und vorne nicht und er war vollkommen eingefallen, als er für die Überführung nach Deutschland abgeholt wurde. Obendrein hatte das bedauernswerte Tier noch einen scheußlichen Pilzbefall. Gott sei Dank nahm sich der wirklich professionelle irische Pferdetransporteur Matty seiner an und parkte ihn sozusagen auf der eigenen Farm zwischen, um ihn erst einmal wieder aufzupäppeln. In dem elenden Zustand, in dem er Geronimo vorfand, hätte er ihn niemals über die Grenze gebracht. Lina war vollkommen fertig, als sie von diesen Umständen erfuhr, und hätte es nicht mit ansehen können, wie ich mein – zu diesem Zeitpunkt auch noch etwas moppeliges Pferd – in Empfang nehmen sollte. So waren mein Mann und ich auf uns alleine gestellt und ich vermerkte in meinem Pferdetagebuch folgendes:

„Unser Pferd Paddy kam zu uns am 21. April 1995, freitagnachts um zwei Uhr. Männchen und ich warteten geduldig an der großen Kreuzung (fast zwei Stunden), um den Pferdetransporteuren Matty und John den Weg in unseren Heimatort zu weisen, wo unsere Freunde Julia und Robert uns liebenswerterweise ihre Box für zwei Tage überließen. Danke lieber Gott, dass Du unser Pferd tatsächlich vor die Haustür gestellt hast! Nach seiner langen Reise, die ja bereits am neunzehnten April begann, hat sich Paddy vorbildlich benommen beim Ausladen, beim Führen in die Box und war ziemlich cool all den Leuten gegenüber, die in den nächsten beiden Tagen kamen, um ihn zu begaffen."

Schön, dass ich dieses Büchlein als Erinnerungsstütze zu Hilfe nehmen konnte. So war nun meine Bitte an Gott, mir ein Pferd vor die Haustüre zu stellen, erhört worden. Paddys Box war von unserer Wohnung einhundert Meter Luftlinie entfernt. Viel näher geht es kaum – außer wir hätten ihn in die Garage gestellt.

Wenn ich heute den Himmel um etwas bitte, dann immer mit der Prämisse „Wenn es dem Großen und Ganzen dient" oder „Wenn es richtig für alle Beteiligten ist".
Gebete werden tatsächlich erhört. Oft stellt sich nur die Frage, ob die Bitte sinnvoll war...

Wir ließen ihm den Namen Paddy, da mein Gefühl sagte, dass der Klang seines Namens so ziemlich das Einzige war, was ihn an Irland erinnerte. Für ihn war nun alles anders.
Gerüche, Klänge, Sprache, Klima: All das war eine gewaltige Umstellung und so wollte ich ihm einfach seinen Namen lassen, auf den er auch hörte.
Paddy war wirklich ein schicker, schwarz-weißer Schecke, da hatte der Vermittler aus Irland nicht gelogen. Wie bei Tinkern üblich, zierte seine Fesseln ein üppiger Behang, Laien nennen das gerne Puschelfüße und auch Mähne und Schweif waren nicht von schlechten Eltern. Ein dunkelbraunes und ein hellblaues Auge zierten seinen schönen Kopf, was sehr apart aussah. Seine Widerristhöhe betrug einen Meter und zweiundfünfzig, nicht zu klein und nicht zu groß.
Das kräftige Gebäude war wohl proportioniert, mit einem relativ schmalen Rücken. Insgesamt war sein äußerliches Erscheinungsbild wunderschön. In dieser Hinsicht wurde mein Blindkauf wenigstens nicht gestraft.
Zwerg und ich waren erst mal glücklich, dass der Transport reibungslos erfolgt war und der hübsche Kerl, erschöpft von der langen Tour, gelassen

in seiner Gastbox stand. Natürlich waren wir aufgeregt, vor allem ich, und deswegen stopfte ich das weit gereiste Tier mit Leckerlis voll. Da fing es schon an, dass ich mein fehlendes Knowhow mit Fressalien zu kompensieren versuchte. Trotz aller Reitstunden und Kurse, die ich bisher besucht hatte, fehlte mir immer noch das Grundgerüst, mit diesen Tieren ruhig und im positiven Sinne dominant umzugehen. Immer hatte ich das Gefühl, dass alle anderen es besser könnten als ich selber. Meine Hoffnung, dass sich das mit dem eigenen Pferd ändern würde, wurde nicht erfüllt. Immer noch war ich das kleine Mädchen, dem die Oma sagte: „Pass auf, sonst passiert noch was!"

Anfangs führte ich die Angst darauf zurück, dass alles noch neu und ungewohnt wäre. Doch auch nach der Überführung auf Gertis Hof wich die Beklemmung nicht von mir. Erschwerend kam hinzu, dass Paddys telefonisch angegebenes Alter von sechs Jahren tatsächlich vier Jahren entsprach. Zumindest ging das so aus den Transportpapieren hervor und sein lebhaftes Benehmen stimmte ebenfalls besser mit diesem Alter überein. Im neuen Stall wurde er vorerst von den anderen Pferden so abgetrennt, dass kein direktes Zusammentreffen mit ihnen möglich war und sie sich durch Blick- und Geruchskontakt kennenlernen konnten.
Was machte unser Wallach da für eine Show! Seine Kastration lag augenscheinlich nicht besonders lange zurück und er zeigte deutlich sein ihm noch verbliebenes männliches Hengstgebaren. Anzuschauen war das wirklich toll, doch mir wurde immer mulmiger, wollte ich doch mein braves, ruhiges und vertrauenswürdiges Verlasspferd, mit dem ich durch dick und dünn gehen konnte. Stattdessen sah ich mit Ehrfurcht diesen ungestümen Temperamentsbolzen, der von mir auf der Vertrauensebene so weit entfernt war wie ein T-rex. In meiner Vorstellung galoppierte dieses Ross mit mir auf und davon, und zwar auf Nimmerwiedersehen!
Außer mir nahm das natürlich keiner so wahr – weder auf dem Hof, noch daheim.

Gut, Paddy war zwei Jahre jünger als telefonisch übermittelt, also nur vier statt sechs Jahre. Pech für mich. Zurückschicken konnte ich ihn nun nicht mehr. Ein junges Pferd braucht eben eine gute Ausbildung und eine klare Führung, das kostet Zeit und Geld. Von neuem bemühte ich mich, das Beste aus der Situation zu machen und wie man dem Wort bemühen entnehmen kann, steckt eben sehr viel Mühe dahinter. Man kennt das aus den Bemerkungen im Zeugnis, wenn da stand: „Er/sie bemühte sich." Dann wusste man gleich, dass es sich um eine fruchtlose Geschichte handelte.

Im Grunde hatte niemand eine Ahnung von meiner Seelenpein und es war mir nicht möglich, darüber zu sprechen, hatte ich mir endlich nach Jahrzehnten diesen Kindheitstraum erfüllt. Den konnte ich doch jetzt nicht einfach ins Klo spülen. Ich traute mich nicht zu sagen, dass ich mich schlicht und einfach getäuscht hatte. Meine Angst war so übermächtig – sowohl vor Paddy als auch vor dem Eingeständnis, dass das Projekt Pferd zum Scheitern verurteilt war.

Ein weiterer Grund, nicht auszusprechen, was mir auf meiner Seele brannte, war, dass mein Vater mir bereits von Kindheit an immer wieder vorgehalten hatte, alles anzufangen und nichts zu Ende zu bringen.

Doch am Liebsten hätte ich es lauthals in die Welt hinausgeschrien!

„Es war ein Riesenfehler! Scheiße! Ich will dieses Monster verkaufen und keine Angst mehr haben, sondern endlich meinen Frieden!"

Aber nein, ich zog die Geschichte durch, funktionierte und kümmerte mich aufopferungsvoll um Paddy und um meinen Mann, unsere Tochter, unseren Haushalt, unser Geschäft, den Haushalt meines Vaters, die Zeitungsremission und um alles Mögliche andere. Nur um mich selbst kümmerte ich mich nicht. Das viele Kümmern um andere brachte mir Kummer. Einen Kummer, den ich enorm lange unterdrückte. Allen wollte ich es recht machen, worüber ich vollkommen vergaß, was ich selbst eigentlich wollte.

Selbstredend sollte es das Pferd gut haben. Die Verantwortung lag jetzt bei mir, denn es kam ja nicht freiwillig über den Kanal geschwommen. Wenn jemand Verantwortung übernehmen konnte, dann ja wohl ich! Das tat ich doch schon seit dem Tod meiner Mutter und war nichts anderes gewohnt. Also wurde Paddy aufs Beste gepflegt und mit der Zeit erlangte ich tatsächlich mehr Routine im Umgang mit ihm. An das erste Hufauskratzen ganz alleine erinnere ich mich gleichwohl mit Schaudern. Ich brauchte mindestens eine halbe Stunde dafür. Die Vorderbeine hob er noch einigermaßen willig, doch mit den Hinterbeinen war es ein Fiasko und er hatte wirklich kräftige Gliedmaßen. Er zappelte und strampelte nervös, was mich zur Verzweiflung brachte und mir Angst- und Schweißperlen nicht nur auf die Stirn trieb. Mein Kleinmut tat sein übriges, um die Situation zu verschlimmern. Erst viel später entdeckte ich, dass er unter seinem üppigen Fesselbehang einen Pilzbefall hatte und es ihm äußerst unangenehm war, dort berührt zu werden. Auch das bekam ich irgendwann in den Griff.

In den Kursen ließ ich dennoch lieber andere an ihn ran. Meiner Meinung nach hatten sie natürlich viel mehr Erfahrung als ich. Zweifellos hatten sie viel weniger Angst als ich und Paddy war ja nicht wirklich schwierig – außer für mich. Also drückte ich mich oft vor dem Pferdekontakt und machte irgendwelche anderen Arbeiten, wie zum Beispiel das Abspülen nach dem gemeinsamen Essen mit den anderen Kursteilnehmern. Dafür zahlte ich auch noch! Zu diesen Seminaren gibt es anzumerken, dass es sich allemal noch um Schulungen in Bodenarbeit handelte. Im Sattel saß ich da nicht. Doch immer wieder wurde ich von Außenstehenden gefragt, ob ich schon ausgeritten wäre.

Ausgeritten? Das sollte wohl ein Witz sein!

Wirklich, ich habe sogar mal Paddys Führstrick losgelassen und da war ich zweihundert Meter vom Stall entfernt! Bei diesem gemeinsamen Spaziergang tänzelte er unausgelastet am Strick herum und bekam den Duft von anderen Pferden aus dem Nachbardorf in die Nase. Da wieherte er zutiefst archaisch in die Richtung dieser Pferdeherde, wodurch ich mich Lichtjahre von ihm entfernt fühlte. Ich empfand mich so klein und hilflos und versteckte mich hinter einem Baum. Daraufhin wusste ich mir nicht anders zu helfen, als einfach die Leine loszulassen und damit auch die verhasste Verantwortung. Mit fliegender Mähne galoppierte Paddy nach Hause an Gerti vorbei, die gerade mit einem Patienten zu Pferd um die Ecke bog. Das war eine brenzlige Situation, doch ihr erfahrenes Hippotherapiepferd blieb gelassen und es passierte gottlob nichts. Eine gute Seele fing Paddy am Stall ein und band ihn an, bis ich wieder vor Ort war. Heulend und zerknirscht begegnete ich Gerti auf dem Weg, die mir unverblümt zu verstehen gab, dass sich so ein Vorkommnis nicht wiederholen dürfe, da die Sicherheit für ihre Patienten höchste Priorität habe. Nichtsdestoweniger bemerkte sie auch meine Verzweiflung und ging nach der Therapiestunde denselben Weg mit Paddy wie ich zuvor. Trotz ihrer langjährigen Erfahrung hatte sie massiv zu tun, den Burschen in den Griff zu bekommen. Er war einfach jung, temperamentvoll und unerzogen und so musste ich sie mehrmals um Hilfe bitten.

Auf dem Hof gab es auch eine kleine Reithalle, deren große Flügeltüren im Sommer geöffnet waren. Diese Öffnung wurde zum Hof hin mit drei eingehängten Stangen abgetrennt. Eines Tages machte Gerti mit Paddy in der Halle Freiarbeit, also ohne Longe oder dergleichen, und weil es ihm wohl zu anstrengend war und er sich ihr entziehen wollte, sprang er einfach über die einen Meter dreißig hohen Stangen hinaus in den Hof. Gerti meinte, es hätte sehr elegant ausgesehen und beim Sprung war noch viel Luft nach oben. Nach diesem Vorkommnis wollte ich ihn sofort an einen Zirkus verkaufen!
Soviel zur Frage, ob ich schon ausgeritten wäre.
Na klar, Springreiten war jetzt meine nächste Option und für die auf Turnieren zu gewinnenden Pokale kaufte ich gleich eine neue Vitrine…

Über die Pferdehaltung brauchte ich mir die geringsten Sorgen zu machen. Der weiträumige Offenstall mit der zehnköpfigen Herde war vorbildlich. Alles war sauber und hell und es wurde immer getüftelt, was man – im Sinne der Tiere – noch besser machen könnte. Effektiv war das schlicht mit einem hohen persönlichem Einsatz verbunden. Damit sich die monatlichen, finanziellen Belastungen in Grenzen hielten, hatte ich jeden Donnerstag Stalldienst von neun bis dreizehn Uhr, sowie jedes fünfte Wochenende kompletten Früh- und Spätdienst, samstags und sonntags! Anfangs rechnete ich ja mit einer Reitbeteiligung und einem Einsatz Paddys in der Hippotherapie, um einen Teil der Kosten aufzufangen. Dagegen musste ich ihn erst einmal in Beritt, also in Gertis Hände geben, wofür ich zusätzliches Geld los wurde und als Therapiepferd war er auch nur sehr begrenzt einsetzbar.

Zwischendurch gab es immer mal wieder Probleme mit meinem Mann, dem weder gefiel, dass ich zu viel Zeit auf dem Hof zubrachte, noch wenn erhöhte Ausgaben anstanden oder ich seiner Meinung nach zu wenig Zeit für unsere Tochter hatte. Bebi nahm ich ab und zu mit auf den Hof, woran sie leider nur begrenzt Gefallen fand. Das, was man hat, ist bekanntermaßen wenig wert. Sie war eben keine Pferdenärrin, wie ich es als Kind gewesen war. Sie langweilte sich am Stall und ich musste sehen, welche Alternativen ich finden konnte.

Als wir Paddy bekamen, war Töchterchen erst zarte sechs Jahre alt. Da konnte ich sie natürlich nicht alleine daheim lassen. Mein Vater war als Babysitter nur mit Einschränkungen geeignet. Dementsprechend gab es also immer etwas zu organisieren oder abzustimmen.

Weiteres Konfliktpotenzial bot das Verhältnis von Hofbesitzerin Gerti zu meiner Freundin Lina. Als Pferdelaie muss man Folgendes wissen:
Es gibt mindestens so viele Pferdeweisheiten wie es Pferdehalter gibt. Jeder hat seine eigenen Erkenntnisse und die hält er für die einzig wahrhaft Richtigen.
Tausend Reiter, tausend Pferde, tausend Experten.
Im Einzelfall, also für jeden Einzelnen, mag das stimmen, doch für mich war es entsetzlich. Unter diesen beiden Alphafrauen, die jahrzehntelange Erfahrungen mit Rössern gesammelt hatten, befand sich das kleine, unwissende Pferdemädchen Diana.

Ein untrüglicher Argwohn von Gerti herrschte vor, wenn Lina mal auf den Hof kam, um mir unentgeltlich ein paar Lektionen beizubringen und schon saß ich wieder zwischen zwei Stühlen. In Pferdesprache ausgedrückt, könnte man es auch Stutenbissigkeit nennen. Jede versuchte auf ihre Art, mir die Pferdeerleuchtung zu vermitteln, und zwei Frauen, von denen es natürlich beide gut mit mir meinten, brachten mich in die Ver-ZWEI-flung. Vielleicht hätte es sogar geklappt, mit einem zwanzig Jahre alten Klepper, dem man eine Schachtel Valium hineingestopft hatte. Hätte ich mal lieber den alten zotteligen Teddy aus Zusmarshausen eingesäckelt …

Für mich war all das unvorstellbar strapaziös, versuchte ich doch wie immer, es jedem, in diesem Falle jeder, Recht zu machen, nur mir mal wieder nicht. Interessieren würde es mich schon, ob die beiden jemals wirklich gemerkt hatten, in welchen aushöhlenden Seelenzustand mich diese Vorkommnisse brachten.
Meine Kindheitspferde-Euphorie schwand mehr und mehr und schön langsam wurde mir immer klarer, dass eine andere Lösung gefunden werden musste.

8 – Der Ire will es wissen

Interessanterweise hatte mein Mann, obwohl sich seine bisherigen Erfahrungen mit Tieren auf unsere Kater Waschti (†) und Sepp begrenzten, keine Angst vor Paddy.

Überhaupt ist es sehr schwierig, eigentlich so gut wie unmöglich, ihn zu erschrecken. Ein plötzliches Hervorspringen aus einem Versteck quittiert er höchstens mit einem dumpfen ‚Hmmmpf', noch dazu, ohne sich einen Millimeter zu bewegen. Dieser Ritter ohne Furcht und Tadel schaffte es tatsächlich, kleine Ausflüge zu unternehmen, mit mir oder Bebi auf Paddys Rücken und Paddy am Führstrick dieses beherzten Mannes. Das hatte zur positiven Folge, dass die Aufenthalte auf dem Pferdehof wieder vermehrt zu einer Familienangelegenheit wurden und ich nicht mehr alleine mein Pferdeprogramm abarbeiten musste. Zwergs Unbedarftheit tat Paddy richtig gut, suchte dieser nur einen Menschen, an dem er sich orientieren konnte und das Pferd fand diesen Menschen in meinem unerschrockenen Gatten. Gemeinsam versuchten wir, meine theoretischen Kenntnisse und seine sorglose Praxis zu kombinieren.

Doch vor der (vermeintlich) rosigen gemeinsamen Pferdezukunft stellte uns Paddy eine weitere Aufgabe. Über seinem rechten Auge hatte er eine Art Narbe, zumindest hielten wir es anfangs dafür. Es sah aus, als hätte er als Fohlen eine Verletzung davongetragen, die dann vernarbt war. Zwei Zentimeter lang und ganz fein war diese unscheinbare Schramme niemandem verdächtig aufgefallen, ein alter Schmiss eben.

Aus heiterem Himmel fing das Gebilde schlagartig an zu wachsen, man konnte regelrecht zusehen. Karin, eine Tierheilpraktikerin auf dem Hof, empfahl mir, die Wulst naturheilkundlich zu behandeln. Da war er wieder, mein Konflikt. Meine innere Stimme wusste, dass Karin Recht hatte, doch mein Mann war der Alternativmedizin noch nicht wirklich aufgeschlossen und die Geschwulst wucherte derart, dass Eile geboten war, und zwar in Form einer Operation. Es bestand die Gefahr, dass der Tumor – soviel war schon mal sicher, dass es einer war – eine Größe annehmen könnte, die Paddy daran gehindert hätte, das Auge zu schließen. Eine Austrocknung des Augapfels und eine damit verbundene Erblindung wäre die wahrscheinliche Folge gewesen. Die Diagnose lautete Equines Sarkoid und außer der Wucherung auf dem Auge gab es weitere Stellen an Paddys Körper, die anfingen zu blühen. Was für ein Mist!

Nun ja, nach einigen nötigen Vorbehandlungen in Form von Injektionen in den Tumor, was an dieser Stelle nicht besonders spaßig ist, wurde in der tierärztlichen Universitätsklinik ein Termin vereinbart. Zwerg, Gerti und ich brachten Paddy im Hänger nach München. Freundlich wurden wir vom Klinikpersonal empfangen und konnten unseren Bub nach einer Voruntersuchung in eine geräumige, mit reichlich Stroh ausgestreute Box bringen.

Die OP verlief ohne Komplikationen und wir besuchten Paddy während seines vierzehntägigen Krankenaufenthaltes mehrmals. Die Versorgung war prima, doch im Fellwechsel ist zusätzlich eigener Einsatz gefragt und abgesehen davon kann niemand den persönlichen Kontakt ersetzen. Pflegen, putzen und ‚schickimicki‘ machen konnte ich unser Pferd zwischenzeitlich ohne Angstattacken – und das Tiptop, da kam keiner drüber.

Nach zwei Wochen holten wir unseren Wallach ab und brachten ihn nach Hause. Die Wiedersehensfreude mit seinen Artgenossen war groß und alle waren beruhigt über den scheinbar glücklichen Ausgang und die problemlose Rückkehr in seine Herde.

Zwei Tage später traute ich meinen Augen nicht, denn das Ding fing wieder an zu wachsen! Was denn nun noch?!?

Der klinische Eingriff war eben nur eine mechanische Entfernung des Symptoms, die Ursache war nach wie vor unbekannt und dementsprechend unbehandelt. Obgleich die Operation inklusive vierzehn Tagen Vollpension mit eintausend D-Mark verhältnismäßig preiswert war, hatte sie keinen ursächlichen Nutzen.

Nein, ich darf nicht ungerecht sein, natürlich war die Erhaltung der Funktion seines Augenlides und damit sein Sehvermögen vorerst gesichert, ein unglaublich wichtiger Aspekt. Doch nun musste unter allen Umständen rasch gehandelt werden, und zwar aus einem ganz anderen Blickwinkel. Endlich pfiff ich einmal auf meinen Konflikt und fragte Karin, die Tierheilpraktikerin, ob sie uns helfen könne. Postwendend führte sie eine Haaranalyse durch und arbeitete daraufhin eine Zusammenstellung von verschiedenen Mitteln aus, abgestimmt auf die Mondphasen. Das waren für mich die ersten bedeutsameren Kontakte mit Homöopathie, Spagyrik und einigen weiteren Möglichkeiten der alternativen Heilkunde.

Bis zu acht Mal täglich bekam Paddy Tropfen, Globuli oder ein Gebräu verabreicht. Akribisch erstellte ich einen Plan, um zu gewährleisten, dass er wirklich ausnahmslos bekam, was Karin für ihn ausgetestet hatte. Dabei waren alle auf dem Hof unglaublich hilfsbereit, da ich ja nicht sieben Tage in der Woche zwölf oder mehr Stunden vor Ort sein konnte. Hier noch mal ein großes Lob an die lieben Helfer!

Von Skeptikern der Naturheilkunde wird ja immer der Placeboeffekt angeführt, das heißt, man beeinflusst sich selbst positiv, weil man ja weiß, dass man etwas einnimmt, was einem hilft. Ob unser Pferd das auch wusste? Bestimmt, denn ich habe es ihm ja immer wieder gesagt.

Während der ersten beiden Behandlungswochen stank Paddy zum Himmel – und zwar aus jeder Pore. Nieren und Leber waren sein Hauptproblem, eben der ganze Stoffwechsel. Mit der Zeit besserte sich sein ganzer Zustand, der Gestank verschwand, sein Fell glänzte mehr und mehr und die Geschwulst über dem Auge löste sich in Luft auf, sogar die zusätzlichen kleinen Geschwüre am restlichen Körper, die in der Klinik gar nicht behandelt wurden. Eineinhalb Monate dauerte die Prozedur. Dann war alles weg und es kam auch nie wieder!

Jetzt stand er gesund und putzmunter da, unser vierbeiniger Ire, und wartete auf Herausforderungen. Mit diesen kleinen, oder vereinzelt auch großen Spaziergängen, kann man ein junges Pferd nicht bei Laune halten. Paddy wollte arbeiten, und zwar richtig.

Das mit der Reiterei würde bei mir nichts mehr werden, jedenfalls nicht in dem Sinne, dass ich mich getraut hätte, mit ihm über eine Wiese zu preschen. Klar saß ich ab und zu mal im Sattel, aber nur in der Halle, auf dem eingezäunten Reitplatz oder wenn mich (und Paddy) ein erfahrener Reiter als Handpferd mitnahm. Richtig wohl fühlte ich mich mit diesen reiterlichen Aktivitäten nach wie vor nicht.

Da hatte Lina eine Idee. Wie wäre es denn mit Kutsche fahren? Ein Pferdespaß für die ganze Familie sozusagen.

Das hörte sich prima an. Zwerg war Feuer und Flamme, da auch er nicht fürs Reiten geboren war. Für einen Mann ist eine Kutsche nicht weit von einem Auto entfernt. Immerhin hat sie vier Reifen und ein bisschen Technik ist auch vorhanden. Kurzerhand meldeten wir uns für einen Fahrkurs an, denn so einfach, wie es aussieht, ist die ganze Sache dann doch nicht. Das befreundete Pärchen, Julia und Robert, das Paddy die ersten beiden Nächte ihre Box zur Verfügung gestellt hatte, war auch dabei. Der Kurs fand eine Stunde Fahrt von uns entfernt statt. Da war es schon von Vorteil, sich beim Fahren abwechseln zu können. Mit der Zusammensetzung der zwölfköpfigen Truppe hatten wir ebenfalls ein Riesenglück: Lauter nette Leute, die sich untereinander super verstanden.

Fahrlehrer Rolf war ein Unikum. Humorvoll und souverän leitete er seine Schüler an – erst am Fahrlehrgerät, dann mit seinen Kutschpferden Amico und Gustav, die auf bairisch allerdings nur Mico und Gustl gerufen wurden.
Die ersten Wochen bestanden nur aus Fachtheorie und den Übungen am bereits erwähnten Fahrlehrgerät, um den gefühlvollen Umgang mit den Leinen (wer ,Zügel' sagte, musste eine D-Mark Strafe zahlen) zu erlernen. Erst nachdem diese Lektionen saßen, gingen wir zum praktischen Teil über.
Insgesamt dauerte der Kurs drei Monate und das im tiefsten und kältesten Winter seit langem. Von Januar bis März froren uns die Griffel ein, trotz gefütterter Handschuhe. Dazu begleitete uns immer der Spruch von Rolf, dass es kein schlechtes Wetter gäbe, sondern nur unpassende Bekleidung. Hahaha! Zwei Stunden auf dem Kutschbock bei minus zwanzig Grad – dafür hätte, besonders für die Damen, erst neue Bekleidung erfunden werden müssen!

Meine erste Fahrstunde war allemal erstaunlich. Als ich mich auf den Kutschbock begab, die Leinen sortierte und mich samt Amico und Gustav in Bewegung setzte, hatte ich eine Art Déjà-vu. Es kam mir vor, als hätte ich noch nie etwas anderes gemacht als zu kutschieren. Mit einer mir seltsamen Selbstverständlichkeit lenkte ich die Rösser die Straße entlang und auf einen Schlag wurde mir klar, dass ich mit dem Thema Pferd, Reiten und Kutsche einvernehmlich abschließen konnte. All das musste ich schon zur Genüge erlebt haben, so fühlte es sich jedenfalls für mich an. Paddy könnten wir verkaufen, natürlich nur in beste Hände, das versteht sich von selbst. Kein Stalldienst und keine Pferdepflege – und vor allem keine Angst mehr!

Ich konnte meine Freiheit schon fühlen! Innerlich triumphierte der weise Teil in mir, der das erkannte. Äußerlich musste ich das meinem Mann erst noch beibringen. Wie man sich denken kann, hatte der für meine versponnene Theorie kein Verständnis. Wir hatten den Kurs zusammen angefangen und würden ihn auch zusammen beenden, basta.

Tatsächlich gefiel ihm das Unternehmen Fahrsport und erneut unter-drückte ich meine tiefe Einsicht. Wie schon so oft machte ich die sprich-wörtliche gute Miene zum bösen (konflikt- beladenen) Spiel, war ich doch eine Meisterin im Abwiegeln und Schönreden.

Jetzt hatten wir endlich ein gemeinsames Hobby. Wie schön für uns alle! Mit den anderen Kursteilnehmern tauschten wir uns aufs Beste aus. Wir trafen uns auch außerhalb des Kurses. War das nicht prima?

Bezahlt war der Kurs auch schon und so weiter und so fort, es gab ja so viele gute Gründe.

Schnell wurde mein kleiner Aufstand zu den Akten gelegt. Alle zwölf Kol-legen bestanden erfolgreich die theoretische sowie die praktische Prüfung und wir erhielten das kleine Fahrabzeichen Klasse vier, das uns berechtigte, sowohl Einspänner als auch Zweispänner im Straßenverkehr zu bewegen.

Bald schafften wir eine kleine Kutsche an, ein passendes Geschirr mit Kopfstück und Gebiss, eben alles, was man braucht, um diese Freizeit-beschäftigung ausüben zu können.

Fahrlehrer Rolf sollte Paddy einfahren. Leider hatte er nicht sofort Zeit, sodass mein ungeduldiger Ehemann (der Widder lässt grüßen) sich selbst ans Werk machte. Zwei unserer neuen Fahrfreunde, die eindeutig mehr Erfahrung hatten als wir, leisteten uns beim ersten Mal Beistand. Ins-gesamt lief es gar nicht mal so schlecht. Zwerg und Christa saßen auf dem Kutschbock, Christas Mann und ich liefen jeweils rechts und links auf Paddys Kopfhöhe mit, um zusätzlich eingreifen oder beruhigen zu können.

Schweißtreibend war es allemal, angefangen vom körperlichen Einsatz bis zur psychischen Anspannung, erneut das komplette, mir jedoch altbe-kannte Programm. Wir versuchten es auch zu viert auf der Kutsche. Da wurde uns erst einmal die Kraft unseres Tieres bewusst, denn Paddy zog uns alle, und das mit voll arretierten Scheibenbremsen! Seine Energie war schier unglaublich.

Das Fahrabzeichen machten wir ja mit gut ausgebildeten Fahrpferden. Das ist schon was anderes, als ein junges, unerfahrenes, sowie äußerst dynamisches Pferd vor den Wagen zu spannen. In der Regel läuft ein Anfängerpferd auch erst im Zweispänner mit einem Profi(pferd) mit, um sich an all die neuen Begebnisse zu gewöhnen. Dafür, dass wir das nicht befolgten, hatten wir ziemliches Glück mit unserem Ross.

Irgendwann schaffte es Fahrlehrer Rolf dann doch noch zu uns, um Paddy den letzten Schliff zu geben, fahrtechnisch gesehen. Bereits fünfhundert Meter vom Hof entfernt gab es hingegen einen kleinen Unfall. Ich ahnte vorab, dass es passieren würde, traute mich aber nicht, dem Fahrlehrer Contra zu geben. Rolf fuhr auf einem Feldweg in flottem Trab, um dann links auf eine geteerte Straße abzubiegen – und das im neunzig Grad Winkel! Er nahm nichts an Geschwindigkeit raus, was unserem Pferd in der Kurve die Hinterbeine wegzog und es tatsächlich stürzte!
Gott sei Dank verletzte sich Paddy nicht.
Dafür war die Deichsel verbogen und Zwerg musste erst mal zum Stall zurücklaufen, um Werkzeug für die Reparatur zu holen. Dass Rolf so etwas passieren würde, ja dass er es nahezu herausgefordert hatte, das schockierte mich arg. Dieser Mann, der im Unterricht die Verkörperung von Besonnenheit war.
Nach der Reparatur setzten wir die Fahrt fort und mein Vertrauen hatte wieder einmal gelitten. Auch für Paddy war diese Erfahrung nicht unbedingt förderlich. Paddys Zutrauen in meinen Mann war glücklicherweise immer noch gut. Kam Herrchen zum Stall oder an die Koppel, war der Schecke sofort bei ihm, blubberte und wollte einfach was unternehmen.

Julia und Robert, unsere Freunde aus dem Dorf, wollten ihre eigenen Pferde ebenfalls von Rolf einfahren lassen. Aaron, ihr schwarzer Friesenhengst, wurde ein paar Wochen bei Rolf eingestellt, um an der Seite des erfahrenen Amico zu lernen. Davor versuchten sie es, wie wir auch, auf eigene Faust, dieses Mal boten Zwerg und ich den beiden unsere Hilfe an.

Es war immer noch saukalt, die Straßen vereist, also keine besonders günstige Kombination.

Auf den Feldern und Wiesen lag tiefer Schnee, Gott sei Dank, wie sich noch herausstellen würde. Immerhin waren Julia und Robert ziemlich pferdeerfahren, den Hengst hatten sie, seit er ein Fohlen war und den weißen Warmblutwallach Condor auch schon seit Jahren. Ganz so naiv wie unser Unterfangen mit Paddy schien das Ganze nicht zu sein.

Rappe Aaron und Schimmel Condor wurden eingespannt. Diese Schwarz-weiß-Anspannung nennt man sinnigerweise auch Schachbrett. Vor dem Stall lief das Anschirren und Einspannen sehr gelassen ab. Die zwei Pferde kannten sich gut und mochten sich. Vom Temperament her kamen die beiden bei weitem nicht an unseren Tinker heran. So hatte auch ich keine großen Bedenken, diesem Experiment beizuwohnen. Robert nahm seine Aufgabe als Kutscher wahr, Julia und mein Mann liefen vorne mit und wir hatten erst den Eindruck, dass alles ganz gut klappte. Meine Wenigkeit stand hinter Robert auf der Wagentreppe am Heck. Nach fünfhundert Metern fing die Kutsche auf der vereisten Straße an zu rutschen, was die Pferde äußerst beunruhigend fanden und weshalb sie angespannt und nervös an Tempo zulegten.

Das Pferdepaar lief jetzt unmittelbar am äußersten Rand des Wirtschaftsweges entlang, was auf der einen Seite meinen Mann in den tiefen Schnee abdrängte, von wo aus er keine Kontrolle mehr hatte oder gar bremsend hätte einwirken können. Julia konnte auf der anderen Seite aufgrund der gesteigerten Geschwindigkeit nicht mehr Schritt halten und so mussten die Helfer kurz hintereinander loslassen.

Robert tat sein Bestes, indem er beruhigend auf Aaron und Condor einredete, was diese geflissentlich ignorierten. Zu guter Letzt konnte auch ich mich nicht mehr auf der Wagentreppe halten und sprang ebenfalls ab. Der Kutscher war nun ganz alleine seinem Schicksal überlassen.

Im Schweinsgalopp preschte das Gespann Richtung Horizont davon!

Was für ein Riesenglück, dass niemand entgegenkam. Es wäre nicht auszudenken, was für Folgen ein Zusammenstoß gehabt hätte. Geistesgegenwärtig schaffte Robert es, die durchgehenden Pferde in eine tief verschneite Wiese zu lenken, um sie dort laufen zu lassen, bis sie ausgepowert waren. Als wir drei Abtrünnigen das Gespann endlich eingeholt hatten, war das

Schlimmste vorüber. Manchmal ist es eben besser, einen Profi zu Rate zu ziehen oder wenigstens passendere Wetterverhältnisse abzuwarten. Vom Einfahren hatte ich jedenfalls die Schnauze gestrichen voll!

Auf diesen eiskalten Winter folgten endlich wärmere Temperaturen. Unsere Ausflüge mit Pferd und Wagen funktionierten größtenteils zufriedenstellend. Tja, endlich waren wir als Familie unterwegs, was unser Bebi auf Dauer trotzdem langweilte. Sie war und ist eben eher ein ‚Blingblingmädchen‘ als ein Naturfreak. Jedem das seine.

Selbst als Fahrerin auf dem Kutschbock saß ich lediglich zwei oder drei Mal. Es interessierte mich einfach nicht mehr. Das wusste ich ja schon seit der ersten Fahrstunde. Zwerg machte seine Sache recht gut, was sollte ich da fahrerisch noch mitmischen? Selbstverständlich hätte man die Fahrkünste noch optimieren und verfeinern können, doch das war für Zwerg nicht so wichtig. Entscheidend für ihn war die Ausführbarkeit dieser Freizeitbeschäftigung, was ihm ja meist gelang. Kleinere Rückschläge bewertete er nicht über. Paddy war in jedem Fall viel ausgeglichener als zu seiner beschäftigungslosen Zeit, doch sein fideles Temperament behielt er nach wie vor. Dieses Pferd musste man nie treiben, es marschierte immer fleißig von sich aus. Wenn der Bursche dann am Laufen war, wollte er ungern einen Gang runterschalten. Vorn dabei war seine Devise.
Dazu kam, dass er immer noch vor vielen Dingen Angst hatte wie zum Beispiel vor flatternden Plastiktüten, eingeschweißten Rundballen auf einer Wiese oder manchmal auch vor Kühen. Nicht zu vergessen die bösen Pferdefresser, die jederzeit aus dem Gebüsch springen könnten. Es sprang zwar keiner raus, aber man konnte ja nie wissen!
Totaler Horror waren auch die Sprinkleranlagen auf einer Obstwiese vor denen er panisch scheute, wenn wir dort vorbeifuhren.
Manchmal war er total cool, ein anderes Mal sah er Monster, die wir nicht sahen. Für mein Nervenkostüm eine immer und immer wiederkehrende Zerreißprobe. Mal lief es und mal lief es nicht. Als es wieder einmal nicht lief, sondern nur Paddy, indem er samt Kutsche in einem Affenzahn den Feldweg entlang galoppierte und nicht zu halten war, rastete ich vollkommen aus. In dem Moment hätte ich ihn erschossen, wenn ich eine Pistole, oder ihn abgestochen, wenn ich ein Messer gehabt hätte, trotz meines Bluttraumas wohlgemerkt! Beides war nicht zur Hand und so blieb mir

in meiner Not nichts übrig, außer abzuspringen. Ich konnte einfach nicht mehr. In diesem Moment hasste ich dieses Vieh einfach nur abgrundtief. Also sprang ich vom Wagen und ließ, wie vormals Robert, nun meinen Mann alleine auf dem Kutschbock.

Weh tat ich mir auch – und leid dazu! Nachdem Zwerg wieder die Kontrolle über sein Gespann hatte, drehte er um und las mich vom Weg auf, nicht ohne dass ich vorher noch mächtig protestierte, da ich dem Verräterpferd kein Vertrauen mehr schenken wollte. Doch mein Bein tat mir abscheulich weh und wir waren mehrere Kilometer vom Stall entfernt, sodass ich trotz meines großen Widerwillens den Platz auf dem Wagen neben meinem Mann wieder einnahm.

Für mich waren all diese Vorkommnisse ein Desaster und die Geister, die ich einst rief, musste ich endlich loswerden. Es machte keinen Sinn mehr, jetzt sogar erkennbar für alle. Nur putzen, füttern, misten, also nur ein Stallknecht und zu allem Überdruss noch bei Kutschfahrten dabei sein, die mich wieder an oder über meine Grenzen brachten.

Mein Maß war endgültig voll!

So entstand die Idee, Paddy an den Ort zu bringen, an dem er zum ersten Mal auf deutschem Boden nächtigte, zu Julia und Robert. Die beiden Männer verstanden sich aufs Beste und teilten dieses Hobby einvernehmlich, fuhren sie doch regelmäßig mit Roberts mittlerweile gut eingefahrenem Zweispänner. Zwerg konnte zu Fuß zum Stall gehen und ich verschrieb mich etwas ganz Neuem, von dem ich noch berichten werde.

Nach diversen Umbauten konnte Paddy in sein neues Zuhause umziehen. Trotz meiner Freude über das neue Kapitel ohne Pferdeangst, vergoss ich etliche Tränen beim Auszug von Gertis Hof, hatte ich doch die Einsteller und deren Pferde lieb gewonnen.

9 – Umorientierung

Der technische Umzug von Paddy gestaltete sich problemlos, denn verladen ließ er sich ohne Weiteres. Schwieriger war die emotionale Veränderung. Leider war der Friesenhengst Aaron so verliebt in den schönen Schecken, dass er bei Paddys erstem Anblick auf der angrenzenden Koppel fast einen Graben in die Wiese lief. Das sollte sich auch nach einigen Wochen noch nicht ändern. Also blieb nichts anderes übrig, Paddy mit dem zwanzigjährigen Tommy in einen Paddock zu stellen. Die beiden verstanden sich zwar gut, doch unserem Temperamtensbolzen war der ältliche Wallach einfach ein bisschen zu langweilig. Rappe Aaron, Schimmel Condor, und Pony Goliath teilten sich den anderen eingezäunten Auslauf mit Offenstall. Unser Bub arrangierte sich mit der neuen Situation, wenngleich ich schon den Eindruck hatte, dass er seine bisherigen Pferdekumpels erst einmal vermisste.

Die Auslaufgröße war erheblich kleiner als im alten Stall, was für meinen Mann bedeutete, Paddy täglich bewegen zu müssen, denn der knabberte bei Langeweile gerne Holzpfosten oder andere Dinge an, worüber Julia nicht sonderlich erbaut war.

Irgendein Bubenstück lieferte der Bub wöchentlich ab und ich bekam es zu hören.

Entweder fraß er etwas an oder er schüttete etwas um oder oder oder…

Schon wieder war ich im Zwiespalt, wollte ich doch eigentlich nichts mehr mit all dem zu tun haben. Doch mein schlechtes Gewissen Julia gegenüber ließ sich nicht so einfach abstellen. Wir zahlten für das Einstellen und trotzdem hatte ich das Gefühl, immer noch nicht genug getan zu haben. Wenn das Pferd Mist baute, fühlte ich mich schuldig!

Mein Mann hatte (und hat) keine Schuldgefühle. Der weiß gar nicht, was das ist!

Meine Schuldgefühle reichen für mehr als zwei.

Seine hat er sich bei der Verteilung wohl nicht abgeholt…

Nach Monaten spielte sich das Ganze dann doch einigermaßen ein.

Zwerg fuhr täglich mit Paddy einspännig und am Wochenende meist zusätzlich mit Robert im Zweispänner. Hin und wieder spannten sie sogar Paddy und Aaron zusammen, wobei der Friese furchtbar faul war und der Tinker furchtbar fleißig – eine Herausforderung für den Fahrer, das gemächliche Pferd anzutreiben und das muntere einzubremsen. Paddys Schritt war so ausschreitend, dass der Hengst fast traben musste, um an seiner Seite zu bleiben und nicht zurückzufallen. Die beiden Männer machten ihre Sache gut und schließlich schaffte ich es, meinem übertriebenen Verantwortungsbewusstsein Einhalt zu gebieten.

Nun konnte ich wieder ein bisschen atmen, war gleichzeitig aber schon wieder auf der Suche nach einem neuen Projekt, etwas, was mir wirklich Freude bereiten sollte.
In einer heißen Julinacht fand ich keinen Schlaf und so ging ich auf den Balkon, um den Sternenhimmel zu betrachten.
Da! Eine Sternschnuppe! Ich schloss meine Augen und bat Gott um einen Traum.
Einen Traum, in dem er mir zeigen möge, wie es mit meinem Leben weitergehen sollte.

Mein Wunsch wurde (wieder einmal) erfüllt.
Ich träumte, dass mir eine Bekannte namens Andrea ihren Laden anbot. Geschäft und Bekannte existierten nicht nur im Traum, sondern auch in der Realität! Es handelte sich um ein Geschäft mit Steinen, ätherischen Ölen und vielem mehr. Im Traum sah das Geschäft wie ein riesiges Schiff mit mehreren Decks aus. Das Schiff steht symbolisch für den Lebensweg. Zu beachten wäre noch, ob der Seegang ruhig oder stürmisch ist.
Hatte ich nicht um eine Wegweisung gebeten? Da das Schiff auf der Erde stand und somit keinen heftigen Wellen ausgesetzt war, deutete ich den Traum positiv.
Beim Frühstück erzählte ich meinem Gatten davon. Über meine Eingebungen wunderte der sich mittlerweile immer weniger. Er entgegnete, ganz Geschäftsmann, wenn Andrea mir wahrhaftig ihr Geschäft anböte, dann müsse ich Miete zahlen, jeden Tag vor Ort sein (zwanzig Minuten einfache Fahrt), Geld verdienen, eben alle Konsequenzen eines Betriebes tragen. Wo er Recht hatte, hatte er Recht. Es gab doch schon genug zu tun mit unserem Handwerksbetrieb, dem Haushalt, der Zeitungsremission und so weiter.
Von der Arbeit bekam ich den Kragen wohl nicht voll.
Ganz zu schweigen davon, dass wir auch noch ein Kind hatten!

Es wäre somit ein Unding gewesen, sich so einen Laden zusätzlich zu all den anderen Belastungen, aufzuhalsen. Abgesehen davon, dass Andreas Angebot ja nur im Traum stattfand, hatte ich nicht die geringste Ahnung, ob sie mir diesen Vorschlag leibhaftig machen würde. Doch Zwerg hatte einen weiteren interessanten Gedanken und meinte, ich solle meinen Vater fragen.

Dieser war vor ein paar Monaten ins Nachbardorf umgezogen. Immerhin war er schon achtundsiebzig, und zog sich aus dem Laden immer mehr zurück.

Schwesterchen übernahm nun das geschäftliche Ruder.

Durch Papas Auszug wurde seine Wohnung im ersten Stock frei und bis dato konnte kein Nachmieter gefunden werden. Ich erspare jedem die Einzelheiten dieser wunderbaren, aber gleichzeitig auch unmöglichen Wohnung. Jedenfalls war das Wohnzimmer – mit sechzig(!) Quadratmetern – ideal für mein Vorhaben. Kurzerhand suchte ich meinen Vater auf, der gerade im Gespräch mit einer guten Bekannten war, gemütlich bei Tee und Gebäck. Eiskalt erwischte ich ihn mit meiner Idee, aus seinem ehemaligen Wohnzimmer ein Geschäft für Mineralien zu machen. Das Glück war mir hold, denn seine Bekannte war sofort Feuer und Flamme und er ließ sich wahrhaftig von ihr mitreißen. Ferner gewährte er mir den Raum für eine überschaubare Miete.

Zwar habe ich blaue Augen, doch blauäugig bin ich keineswegs. Mit Edelsteinen und entsprechenden Themen beschäftigte ich mich schon seit Jahren, und Schulden wollte und brauchte ich auch keine zu machen. Mein Opa war ein Jahr vorher gestorben und hinterließ mir neben dem alten Haus, in dem ich sieben Jahre meiner Kindheit verbracht hatte, so viel Geld, wie ich als Grundstock für mein Vorhaben benötigte.

Die Renovierung der Räumlichkeit war mit Energie und Einfallsreichtum gut zu bewerkstelligen. Mit beidem war ich reichlich gesegnet. Vaters Hang zu qualitativ hochwertiger Schreinerarbeit spielte mir zusätzlich in die Karten. Er konnte weder den riesigen Schreibtisch in seine neue Bleibe mitnehmen, noch das maßangefertigte, fest eingebaute Regal, das sich über eine sechs Meter lange Wand zog. Beide Ausstattungen blieben mir gratis zur Nutzung. Die restliche Einrichtung stellte ich günstig mit gebrauchten Tischen, Regalen und was ich sonst so aufstöberte, zusammen. Mit hübscher Deko kann man extrem viel bewirken. Weiße luftige Fallschirmseide ersetzte die veralteten dicken Vorhänge und die bräunliche Raufasertapete durfte einem frischen Anstrich in Orange weichen. Darüber hinaus war das Gewerbe anzumelden, Händlerkontakte zu knüpfen, einzukaufen, Ware einzuräumen, Werbung zu machen, Einladungen zu verschicken und so fort. Ein arbeitsintensiver und abenteuerlicher Abschnitt war das. Ganz abgesehen von den alltäglichen Arbeiten, die zu verrichten waren. Immerhin gab ich jetzt die Zeitungsremission ab.

Meinen Traum hatte ich im Juli, Mitte Oktober war die Eröffnung meines Ladens! In der Rekordzeit von drei Monaten stampfte ich mein eigenes Geschäft aus dem Boden. Vor allem meiner Schwester und meinem Mann habe ich zu danken. Sie unterstützten mich, wo sie konnten, beziehungsweise durften. Vieles vermochte ich nicht aus der Hand zu geben. Mir war es ausnehmend wichtig, dass dieser Laden in erster Linie meine Handschrift trug, wie beispielsweise das Einräumen der Ware. Abgesehen davon, dass ich meine besondere Vorstellung habe, wie etwas angeordnet werden soll, finde ich die Dinge über mein fotografisches Gedächtnis wieder – allerdings nur, wenn ich sie auch selbst abgelegt habe.
Zu guter Letzt fuhr ich persönlich bei Andrea vorbei. Sie sollte nicht von anderen über mein Projekt in Kenntnis gesetzt werden. Ich erzählte ihr von meinem Traum und der darauf folgenden Entwicklung, mit dem Hinweis, dass ich mit Werbung und ähnlichem nicht in Konkurrenz zu ihr stehen möchte. Mit einem Grinsen im Gesicht gratulierte sie mir und wünschte mir alles Gute. Verdutzt bedankte ich mich. Mit dieser Einvernehmlichkeit hatte ich dann doch nicht gerechnet, auch wenn unsere Geschäfte zwanzig Kilometer voneinander entfernt waren. Andrea klärte mich auf: Tatsächlich hatte sie beschlossen, ihr Geschäft aufzugeben, und mein Traum, es zu übernehmen, hätte ihr gut gefallen.

So rückte der Tag der Eröffnung schnell näher. Außer Steinschmuck und Mineralien in den unterschiedlichsten Formen gab es ätherische Öle, Duftlampen, Räucherstäbchen, Klangspiele, Bücher und vieles mehr. Eine Stunde vor Beginn stand ich alleine in meinem ansehnlichen Geschäftsraum, um mich zu sammeln. Da bekam ich urplötzlich Muffensausen! Ich blickte auf meine geliebten Steine und hatte einen Blackout. Mir fiel kein einziger Name mehr ein: Von Achat über Peridot bis Zoisit – alle

Bezeichnungen schienen weg zu sein! Doch mit den ersten Kunden fielen mir auch diese wieder ein und meine Panik löste sich in Luft auf.

So wurden diese anstrengenden und gleichzeitig aufregenden Monate mit einer wundervollen Ladeneinweihung belohnt. Meiner Einladung folgten zahlreiche Menschen. Es war einfach großartig. Endlich hatte ich meine Bestimmung gefunden, da war ich mir sicher.

Um Paddy kümmerte sich nunmehr ausschließlich mein Mann. Ich hatte wegen meiner geschäftlichen Aktivitäten ohnehin keine Zeit und die Lust aufs Pferd war ja schon lange dahin. Da ich Bebi in diesen meinen Kreativwochen nicht viel Aufmerksamkeit widmen konnte, begleitete sie ihren Papa bei manchem Kutschausflug, gerne in Begleitung der einen oder anderen Freundin.

Drei Wochen führte ich mein Geschäft und alles fühlte sich nach ‚Friede, Freude, Eierkuchen' an. An diesem Samstag im November alberten wir drei quietschfidel am Frühstückstisch herum. Bebi trug ein Sweatshirt mit der Aufschrift: „You can feel the happiness in the springtime". Angesichts des trüben und kalten Spätherbsttages lachten wir uns scheckig über dieses Frühlingszitat.

Nichts deutete auf die Katastrophe hin, die heute noch passieren würde…

10 – Der Unfall

Wie erwähnt, begann dieser graue Novembersamstag sehr lustig. Sogar ‚Schubkarren' mit uns selbst fuhren wir in der Wohnung. Noch heute höre ich unser Lachen und Glucksen, da uns beiden Damen dauernd die Ärmchen wegbrachen, wenn Mann, respektive Papa, versuchte, uns durchs Wohnzimmer zu steuern, indem er uns an den Fußknöcheln hielt. Ausgelassen und heiter starteten wir drei in den Tag.

Zwerg hatte für nachmittags, wie gewöhnlich, eine Kutschfahrt ins Auge gefasst. Er wollte einspännig mit Paddy fahren, Bebi wollte ihn begleiten und ihre Freundin Mia mitnehmen.
Mein Plan sah vor, zwei Freundinnen in meinem Geschäft zu empfangen und gleichzeitig ein wenig klar Schiff zu machen. Dabei konnten die beiden gemütlich in meinem Sortiment stöbern. Während wir schwatzten und uns ausgiebig über den Laden unterhielten, läutete gegen sechzehn Uhr das Telefon. Nichts ahnend hob ich den Hörer ab. Ein Bekannter meldete sich und teilte mir mit, dass ein Unfall passiert wäre. Er sagte, mein Mann wolle mit mir telefonieren und gab sein Handy an ihn weiter. Zwerg meldete sich stöhnend mit den Worten: „Dieses Mal hat es mich erwischt!"
Er hatte schon ein paar kleinere Unfälle, die aber allesamt relativ glimpflich ausgegangen waren. So entnahm ich diesem kurzen Satz bereits eine Dramatik, die wirklich Schlimmes ahnen ließ. Telefonisch brachte ich noch heraus, wo er sich befand. Er war nur wenige Autominuten – über Feld- und Waldwege – entfernt. Es handelte sich um eine große, mir gut bekannte Weide in einem Waldgebiet. Den Mädels im Laden teilte ich im Telegrammstil mit, was Sache war. Sie könnten heimfahren oder hinter mir herfahren. In Windeseile schnappte ich mir zwei Decken und Notfalltropfen, schaute, ob noch Kerzen brannten und schlüpfte barfuß (der Fußbodenheizung wegen) in meine Winterstiefel. Ich schnappte mir den Autoschlüssel und sprang die Treppen hinunter, um schnellstens zum Unfallort zu fahren.

Dort angekommen, sah ich vom Auto aus meinen Mann auf der Wiese am Boden liegen, bereits umringt von ein paar Menschen. Mia, die Freundin meiner Tochter, stand dabei, ihr schien nichts zu fehlen. Aber wo war Bebi? Als erstes lief ich zu meinem Mann, der sichtlich nach Atem rang. Über seinem Haaransatz klaffte eine Platzwunde, aus der Blut tropfte. Bis heute hat er als Andenken daran eine fünf Zentimeter lange Narbe. Eine der mitgebrachten Decken legte ich über Zwerg und gab ihm noch Notfalltropfen. Da erblickte ich hinter dem Menschenpulk meine Tochter, um die ebenfalls ein paar Leute standen.

Mir war schleierhaft, wo all diese Personen herkamen. Bebi saß im Schneidersitz auf dem Boden. Jetzt kapierte ich irgendwie gar nichts mehr. Alles war so unwirklich und ich kann auch heute nicht mehr mit Bestimmtheit wiedergeben, was sich da genau abspielte. Jedenfalls setzte ich mich hinter meine zehnjährige Tochter, um ihr den Rücken zu stärken und sie zu wärmen. Urplötzlich katapultierte mich eine barmherzige Ohnmacht – die zweite in diesem Leben – in die unergründlichen Weiten des Universums. Ich empfand meine Bewusstlosigkeit, als ob ich nicht nur ein, sondern gleich mehrere Weltalle entfernt war. Es war herrlich!

In dieser Entlegenheit bekam ich nicht mit, dass zwischenzeitlich Rettungswägen mit Notarzt, Sanitätern und allem Pipapo eingetroffen waren. Sogar ein Hubschrauber war am Unfallort gelandet!

Unerwartet klatschte etwas Rätselhaftes in mein Gesicht. Verwundert blinzelte ich und nahm nur ein leuchtendes Orange wahr. Langsam, und erst wie durch Watte, spürte ich kräftige Ohrfeigen auf meinen Wangen ankommen. Ein Sanitäter mit orangefarbener Rettungsweste tat das, was er gelernt hatte und wofür er ausgebildet wurde, indem er mich zu Bewusstsein watschte. Ich hingegen empfand es als bodenlose Frechheit, mich aus diesem heimeligen Rückzugsort herauszureißen.

Der Moment zwischen Ohnmacht und Aufwachen, zwischen dieser und jener Realität, war unbeschreiblich hart. Es war ein entsetzlicher Augenblick, in dem mir klar wurde, dass dies alles tatsächlich passierte und eben kein Alptraum, sondern bitterste Wirklichkeit war. Endlich begriff ich, dass diese Katastrophe gegenwärtig unserer Familie passierte, und sofort schaltete mein Betriebssystem auf Notfallmodus um. Damals ging das noch nicht ohne Zigaretten und ich schaute in die Menge, wen ich um welche anschnorren konnte. In der Eile hatte ich meine nicht mitgenommen.

Schlagartig ließ ich die Ohnmacht hinter mir, sprang auf und steckte mir sofort den erbettelten Glimmstängel an. Einer der Notärzte warf mir einen besorgten, nein, einen sehr missbilligenden Blick zu. Egal, das Nikotin schien zu helfen, und wenn es nur das Stäbchen war, an dem ich mich gegenwärtig festhalten konnte. Jetzt hieß es, sich einen Überblick zu verschaffen.

Es war sehr schwierig, einen Fokus zu finden, waren ja meine beiden Liebsten schwer verletzt. Nach kurzen Informationen durch die Notärzte erlangte ich folgenden Wissensstand: Mein Mann hatte vermutlich mehrere Rippen gebrochen und eine Lungenquetschung dazu. Meine Tochter, die immer noch im Schneidersitz am Boden saß, sagte, ein Bein wäre taub. Der Verdacht einer Wirbelsäulenverletzung lag nahe, deswegen der Hubschrauber.
Zwerg wurde mit dem Rettungswagen in das zwanzig Minuten entfernte Kreiskrankenhaus gebracht, begleitet von meiner Schwester und meinem Schwager. Mit der Lungenquetschung hätte er fliegend ohnehin nicht transportiert werden können. Selbstverständlich begleitet eine Mutter ihr Kind und so wurden Bebi und ich in ein Münchner Krankenhaus geflogen. Meine innere Stimme wusste bereits zu diesem Zeitpunkt, dass es meinen Mann viel schlimmer erwischt hatte als meine Tochter...

Wo Paddy und die Kutsche abgeblieben waren, entzog sich meiner Kenntnis, und offen gestanden war es mir zu diesem Zeitpunkt auch vollkommen egal.

So flogen wir also in der Dunkelheit nach München. Ich hielt die Hand meiner Tochter und starrte aus dem Fenster. Stabilisiert lag sie auf der Trage und suchte meinen Blick, um mich zu trösten, wie sie mir später erzählte. Leider erwiderte ich ihn nicht, da der Innenraum stockfinster war und ich ihr Gesicht nicht sehen konnte. Das tut mir heute noch leid. Wie in Trance erlebte ich diesen Flug, der kaum eine Viertelstunde dauerte. In der Klinik angekommen, sprang umgehend die medizinische Maschinerie an. Sofort startete eine Röntgenorgie. Dabei fiel Bebis Sweatshirt, das mit der Aufschrift *Happiness in the Springtime*, der Schere zum Opfer, weil man es aus Sicherheitsgründen nicht über ihren Kopf ziehen konnte. Ebenso wurde ihr die heiß geliebte, olivgrüne Hose vom Leib geschnitten.

Auf diese Weise kam zum großen Kummer noch ein kleiner dazu.

Nach vielen Untersuchungen und Unmengen von Röntgenbildern stellte sich – Gott sei Dank – heraus, dass ihre Wirbelsäule unverletzt geblieben war. Sie hatte einen Schien- und Wadenbeinbruch davongetragen. Zwar schmerzhaft, aber das würde schon wieder werden.

Als sie am Unfallort im Schneidersitz auf dem Boden saß, war lediglich ihr unten liegendes, gebrochenes Bein eingeschlafen, das sich dadurch taub anfühlte. Dazu hatte sie eine leichte Gehirnerschütterung. Relativ zügig wurde sie in den Operationssaal gebracht, um die Knochen mit einem Extensionsdraht auszurichten und das Bein einzugipsen.

Während meine Tochter operiert wurde, kam mein Bruder vorbei, brachte mir ein Handy und ein bisschen Geld. Ich hatte ja überhaupt nichts mitgenommen.

Nicht einmal Socken hatte ich an!

Mit dem geliehenen Handy (ich habe bis heute kein eigenes) ging ich vor die Notaufnahme, um in dem Krankenhaus anzurufen, in das mein Mann eingeliefert wurde. Endlich hatte ich den zuständigen Arzt der Intensivstation am Apparat. Er klärte mich darüber auf, dass Zwerg eine Rippenserienfraktur hatte, sieben Rippen waren sechzehn Mal gebrochen. Autsch! Außerdem, wie schon am Unfallort diagnostiziert, hatte er eine Lungenquetschung. Zusätzlich äußerte der Doktor noch den Verdacht auf eine Brustbeinwirbelfraktur, der sich glücklicherweise später nicht erhärtete.

Daraufhin fragte ich ihn, ob mein Mann denn außer Lebensgefahr wäre. Der Arzt antwortete kurz, trocken und sachlich: „Im Moment schon." Sockenlos war ich eh' schon und jetzt war ich vollends von den Socken. Im OP wurde gerade Bebi gemetzgert und mein Zwerg war momentan außer Lebensgefahr! Und was wäre in zehn Minuten?

Vollkommen dehydriert, ich hatte seit Stunden nichts getrunken, hängte ich mich in der Toilette unter einen Wasserhahn, um mich und mein eingetrocknetes Gehirn wieder etwas zu durchsaften. Vom Klinikpersonal sprach kein Mensch zu mir. Niemand bot mir etwas zu trinken an und sogar meine Bitte nach einem Getränk ging unter. Ich fühlte mich hilflos und allein gelassen. Um ein Uhr nachts kam mein Kind aus dem Operationssaal, woraufhin ein Pfleger ihr Bett in einem Affenzahn durch die schier endlosen Gänge schob, die für mich ein riesiges, rätselhaftes Labyrinth darstellten. Ich hatte zu tun, dass ich hinterherkam. Gefühlte zehn Kilometer Fußmarsch später kamen wir auf der Kinderstation an. Dort wurde mein immer noch benebeltes Kind in einem Zimmer geparkt. Mir wurde dasselbe Zimmer zugewiesen, allerdings ein Stockwerk darüber. Was für ein Desaster! Ein Krankenhauszimmer ist in den seltensten Fällen gemütlich und wenn man überhaupt nichts dabei hat, wird das Wohlbefinden kaum gesteigert. Keine Dusche, kein Handtuch und immer noch keine Socken. Mit meinen mittlerweile nicht mehr so frischen Klamotten kroch ich in das weiße, sterile Klinikbett und dachte an mein Kind, das nur drei Meter unter mir lag und doch so weit weg war. Meine Gedanken waren natürlich auch bei meinem Mann, von dem ich nicht wusste, ob er momentan in oder außer Lebensgefahr war.

Lange betete ich zu Gott, er möge Mann und Kind wieder gesund werden lassen, bis ich irgendwann erschöpft in einen unruhigen Schlaf fiel. Am nächsten Morgen konnte ich endlich zu meiner Tochter, der es, wie man so schön sagt, den Umständen entsprechend gut ging. Sie erzählte mir sogar ein bisschen vom Unfallhergang. Zusammen mit den bruchstückhaften Informationen vom Vorabend konnte ich mir nun ein etwas deutlicheres Bild machen. Doch ganz genau konnte ich mir die Abläufe immer noch nicht zusammenreimen.

Sicher war jedenfalls, dass Bebis Freundin Mia nichts passiert war. Lediglich ihr Anorak hatte einen Riss, das war zum Glück alles. Es ist furchtbar, wenn dem eigenen Kind etwas zustößt. Wenn man aber die Verantwortung für ein fremdes Kind hat, ist es auf eine gewisse Weise noch schlimmer. Deswegen fiel uns ein großer Stein vom Herzen, dass Mia unverletzt geblieben war. Ihre Eltern waren von der stressfreien Sorte und nahmen dafür sehr an unserem Schicksal Anteil. Niemals kam auch nur ein Wort des Vorwurfes über deren Lippen. Danke dafür. Leider ist so ein Verhalten nicht selbstverständlich und wir freuten uns darüber umso mehr.

Töchterchen wusste ich – zumindest medizinisch – gut versorgt. Nun wollte ich nun unbedingt zu meinem Mann in unsere – von München gut sechzig Kilometer entfernte – Kreisklinik. Mein Bruder holte mich ab und ich versuchte mir entgegengesetzt, also rückwärts, den Weg zur Klinik zu merken, da ich ja zwischen den Krankenhäusern hin und her pendeln würde. Eigentlich konnte ich mir die Straßen in München nicht einmal vorwärts merken, geschweige denn durch den Blick aus dem Rückfenster. Doch ich versuchte es wenigstens.

Vorher musste ich unbedingt noch einen Zwischenstopp daheim einlegen. Tiere versorgen, duschen, essen. Unser wunderbarer Kater Sepp hatte Hunger und natürlich Bebis Meerschweinchen Matze und Basti, über die ich noch gar nichts erzählt habe. Sepp war ein bisschen verwirrt, doch eine leckere Mahlzeit und ein paar Streicheleinheiten beruhigten ihn schnell. Nachdem auch ich mich wieder halbwegs wie ein Mensch fühlte, fuhr ich ins Krankenhaus zu meinem Männchen. Vollgepumpt mit Schmerzmitteln lag er in seinem Intensivbett. Immer wieder verdrehte er die Augen und fiel in schlafähnliche Phasen. Er erkannte wohl, dass ich da war, tauchte aber regelmäßig ab. Das ging soweit, dass er einen Alptraum hatte, in dem er glaubte, er wäre in Würzburg bei seiner Sanitätergrundausbildung der Bundeswehr. Später, als er wieder klarer denken konnte, erzählte er mir, dass er sich eine zeitlang überhaupt nicht mehr auskannte, als sich Traum und Realität vermischten.

Einer befreundeten Ärztin schilderte ich seine Verletzungen, worauf sie meinte, er müsse in diesem Zustand mindestens acht bis zehn Tage auf der Intensivstation bleiben. Unablässig betete ich. Über seinem Krankenbett sah ich im Geiste einen riesigen Engel. Mit riesig meine ich, dass der Engel gefühlt die Größe eines Fußballfeldes hatte!

Nach vier Tagen verlegten sie ihn auf die reguläre Station.

11 – Unfallhergang und Krankenhaus

Es ist sehr schwierig, die Ereignisse chronologisch zu schildern, da sich einfach so viel in sehr kurzer Zeit ereignete. Zumindest konnte ich mittlerweile den Unfallhergang annähernd rekonstruieren. Als mein Mann mit den beiden Mädchen – und natürlich unserem Pferd Paddy – die Kutschfahrt unternahm, war es doch etwas kühler und Bebi und Mia froren bald.

Zu allem Überfluss war an diesem Tag auch das Fußballderby Bayern München gegen den TSV 1860. Diese beiden Faktoren veranlassten die drei, die Fahrt früher als eigentlich geplant, abzubrechen und Zwerg nahm unwillkürlich eine Abkürzung. Er verließ also den Waldweg, um einen kleinen Abhang, der in eine Wiese überging, hinunterzufahren. Das Gras war feucht und als er bremste, blockierten die Räder. Die Kutsche kam dadurch ins Rutschen und stellte sich quer. Die doch etwas steile Böschung tat ihr Übriges und das Gefährt kippte zur Seite. Alles ging sehr schnell. Mein Mann wurde rechts über das seitliche Metallgestänge des Wagenverdecks katapultiert und dabei zertrümmerten seine Rippen. Mia schleuderte ebenfalls heraus, glücklicherweise ohne am Gestänge hängen zu bleiben. In diesem Moment hatte Paddy keine Verbindung zur Leine mehr, führungslos erschrak er furchtbar und ging mit Karacho durch. Somit war die Kutsche schlagartig wieder in der Spur und unsere Tochter befand sich nun alleine auf dem rasenden, ungesteuerten Gefährt. Nach zweihundert Metern entschloss sie sich, abzuspringen. Dabei brach sie sich das rechte Schien- und Wadenbein und zog sich eine Gehirnerschütterung zu. Im Übrigen hatte sie auch einen Haarriss im linken Oberarmknochen. Trotz des ausgiebigen Röntgens wurde das in München übersehen. Da sie immer wieder über Schmerzen klagte, wurde der leichte Bruch erst später im Kreiskrankenhaus – auf Drängen meines Mannes – festgestellt.

Zwerg schleppte sich nach seinem Sturz die Strecke bis zu unserem Kind, trotz seiner heftigen Verletzungen! Er hatte unglaubliches Glück, dass sich keine der gebrochenen Rippen in seine Lunge spießte. Mia lief irgendwie mit ihm mit, war aber leider nicht in der Lage, Hilfe zu holen. Bestimmt hatte sie einen Schock, denn die Lagerhalle meines Mannes im Gewerbegebiet war fast in Sichtweite, keine zehn Gehminuten entfernt und somit relativ leicht zu erreichen. In der Halle hielt sich nämlich Robert auf. Doch Mia stand wie angewurzelt und war nicht fähig, hinüberzulaufen und dort Hilfe zu holen.

Paddy stürmte indes mit der Kutsche ungebremst weiter an zwei Spaziergängern vorbei, die wegen dieses Anblicks mehr als verwundert waren. Sowohl dieses Pärchen, als auch eine Joggerin trafen kurz danach am Unfallort ein und setzten einen Notruf ab. Wer wen wie benachrichtigte, ist kaum nachzuvollziehen und spielt letztendlich auch keine Rolle.

Auf jeden Fall spürte Robert, der inzwischen auch vor Ort eingetroffen war und sich ein Bild von der Situation gemacht hatte, irgendwann Paddy auf, der sich einen halben Kilometer weiter mit Geschirr und Kutsche dermaßen zwischen ein paar Bäumchen und einem Zaun verheddert hatte, dass er sich keinen Millimeter mehr bewegen konnte. Da stand der arme Kerl wie festgemauert und kam nicht mehr vor oder zurück.
Robert ist der ruhige Typ, und er spannte unseren Wallach sorgsam aus, um ihn aus seiner misslichen Lage zu befreien. Doch in dem Moment, als das Tier merkte: „Ich bin wieder frei!", gab es derartig Gas und ging wieder stiften. Robert hetzte natürlich hinterher, doch dieses Unterfangen war natürlich aussichtslos. Außer er wäre wenigstens ein kenianischer Marathonläufer gewesen. Immerhin kannte Paddy ein Ziel, nämlich seinen Stall, von dem er Luftlinie zwei Kilometer entfernt war. Seine Flucht orientierte sich an dieser Ideallinie, nur eben querfeldein. So benutzte er selbstredend nicht den Bahnübergang, sondern jagte direkt über die Gleise und über die Äcker und über die Felder...
Aus dieser Geschichte wurde das Gerücht geboren, dass unser Pferd samt Kutsche vom Zug überfahren worden war! Gottlob entsprach das Gerücht nicht der Wahrheit, doch die Geschichte von der Mücke, die zum Elefanten mutiert, wurde uns mit dieser Episode mehr als bewusst.
Robert verfolgte also den Ausreißer und die beiden – das Pferd früher, der Mensch später – trafen im Heimatstall ein. Paddy wurde versorgt. Medizinisch war kaum etwas zu tun, worüber wir alle sehr froh waren. Ein paar kleine Abschürfungen, sonst nichts. Doch die Pferdeseele hatte einiges zu verkraften und so sorgten erst einmal Julia, Robert und die Pferdekumpels für Sicherheit und Stabilität.

Ich hatte mich um so viele andere Dinge zu kümmern.

Am ersten Abend ohne Mann und Tochter leistete mir Lina Gesellschaft. Sie saß einfach nur da und strickte an einem Pullover. Vollkommen unaufgeregt hörte sie mir zu und gab mir damit den Halt, den ich brauchte. Zusammen tranken wir Tee und ich fing an, organisatorische Dinge zu erledigen. Mit den Mitarbeitern meines Mannes schloss ich mich kurz. Wer würde was erledigen? Welche Baustellen waren noch offen?

Kunden wurden angerufen, um ihnen mitzuteilen, was passiert war und dass sie sich zum Teil ein bisschen gedulden müssten. Zum Glück im Unglück ist das Unternehmen meines Mannes wetter-/ beziehungsweise saisonabhängig, das bedeutet, dass im Winter für uns weniger zu tun ist. Darüber musste ich mir momentan also keinen allzu großen Kopf machen. Die Unfallversicherungsunterlagen wurden gesichtet. Was war wem zu melden?

Zwei Schäden musste ich der Pferdehaftpflichtversicherung mitteilen. Paddy zerlegte mit der Kutsche ein Stück des Zauns, an dem er hängen blieb und vorher riss er im Gewerbegebiet auf seiner Flucht ein Firmenschild um.

Krankentaschen packte ich für Mann und Kind.
Wer brauchte was?
Socken, T-Shirts, Waschlappen.
Salben, Steine, Globuli.
Wie eine Hexe verabreichte ich (mehr oder weniger heimlich) den zwei Verletzten so manches Mittelchen in Absprache mit unserer Heilpraktikerin. Mein Betriebssystem lief auf Höchsttouren und ich wuppte das alles (noch) ziemlich gut – eine Weile würde das auch weiterhin funktionieren...

Am nächsten Vormittag fuhr ich in Begleitung meiner Schwester Ela zu Bebi nach München. Mit vielen guten Ratschlägen in der Tasche – ein Navi gab es da noch nicht – und der Erinnerung an den Weg aus dem Rückfenster, fanden wir tatsächlich das Krankenhaus, in dem meine Tochter lag. Ich war mehr als froh, dass der Unfall bei ihr verhältnismäßig überschaubare Folgen hatte. Doch ich konnte den Besuch bei ihr gar nicht genießen, was daran lag, dass ich von einem Mörderkopfweh gepeinigt wurde.

Aus diesem Grund bat ich eine Krankenschwester um eine Schmerztablette, die ich mit dem für meine Tochter mitgebrachten Fruchtsaft, hinunterspülte. Das war eine ganz miese Idee, denn diese Kombination vertrug ich absolut nicht. Zwar wurde der Kopfschmerz weniger, dafür bekam ich innerhalb von kürzester Zeit Magenkrämpfe vom Allerfeinsten. Mit lächelndem Gesicht verabschiedete ich mich von Bebi – ich wollte ihr keine zusätzlichen Sorgen machen – und schlich gequält aus ihrem Zimmer. Auf dem Krankenhausgang wurden die Krämpfe noch heftiger. Ich krümmte mich nur noch vor Schmerzen und so wandte sich Ela Hilfe suchend an eine Krankenschwester. Tatsächlich durfte ich mich in einem Untersuchungszimmer auf eine Liege legen, denn in diesem Zustand wäre ich gar nicht in der Lage gewesen, Auto zu fahren. Schwesterchen harrte tapfer aus, denn es dauerte mindestens eineinhalb Stunden, bevor ich das Zimmer halbwegs aufrecht verlassen konnte.

Super! Nach München hin- und zurückgefahren, hochgradige Kopfgegen bestialische Magenschmerzen getauscht, vier Stunden Zeit verbraten und davon lediglich zwanzig Minuten bei meinem Kind. Das nennt man effektiv!

Endlich daheim – die Fahrt war anstrengend genug – dachte ich, ich könne mich noch eine halbe Stunde hinlegen, bevor ich zu Zwerg fuhr. Zuerst rief ich noch auf der Intensivstation an, um mich vorweg zu informieren. Die freundliche Krankenschwester, bei der ich mich erkundigte, meinte es gut und brachte tatsächlich das Telefon an sein Bett! Unter schmerzfreien Umständen wäre das super gewesen, doch jetzt hatte ich meinen etwas verwirrten Mann an der Strippe, dessen erste flehentliche Frage war, wann ich denn endlich zu ihm käme, er bräuchte mich ganz dringend.

HILFE!!!

Eigentlich hatte ich noch mit einer kleinen Erholungspause gerechnet. Natürlich konnte und wollte ich ihm, genauso wie Bebi, nicht sagen, wie beschissen es mir ging.

Augen zu und durch! Abermals griff ich zum Schlüsselbund und startete Richtung Krankenhaus, Schwesterherz treu an meiner Seite. Dort angekommen, mussten wir warten. „Momentan gibt es leider keinen Zugang zur Intensivstation, es ist gerade eine Embolie eingeliefert worden", war der O-Ton der Dame an der Anmeldung. So warteten wir mehr oder weniger geduldig eine geschlagene Stunde vor der Station, bis die Embolie versorgt war. Nichts gegen die arme Patientin, aber wenn ich das gewusst hätte, wäre ich lieber daheim noch diese Stunde auf der Couch gelegen und hätte meinen Krampfmagen auskuriert.

Das war doch wirklich ein Traumtag, oder?

Die weiteren Tage waren auch nicht viel besser. Ganz prima war die nächste Fahrt nach München, dieses Mal mit meinem achtundsiebzigjährigen Vater als Begleitung. Zum Krankenhaus fanden wir relativ zügig, doch auf der Heimfahrt nahm ich eine falsche Abfahrt und wir landeten quasi am anderen Ende der Stadt. Heute noch höre ich meinen Vater folgenden Satz sagen: „Wenn wenigstens die Sonne scheinen würde, dann könnte man daraus schließen, in welche Himmelsrichtung man fährt." Aber es war leider neblig, die Sonne war nicht auszumachen, und auch wenn – ich bezweifelte stark, dass uns das irgendwie geholfen hätte, Jahrgang 1920 hin oder her. Deutschland besteht eigentlich aus einem Schilderwald, doch entweder sahen wir die richtigen Schilder vor lauter Wald nicht oder es gab keine. Nach unendlichem Herumgegurke fanden wir schließlich wieder aus der Landeshauptstadt heraus – mit mittelprächtiger Laune versteht sich.

Diese aufreibende Fahrerei zwischen den Kliniken stresste mich ungemein, aber Erleichterung war in Sicht. Auf meine Bitte wurde Bebi nach vier Tagen in das Krankenhaus verlegt, in dem mein Mann lag. An diesem Tag wurde ihr Papa auch auf die normale Station verlegt. Allerdings auf die chirurgische Abteilung, da ihm (unbetäubt!) ein Wundschlauch gelegt worden war, weil immer noch sehr viel Wundflüssigkeit aus seinem gequetschten Oberkörper floss.

Nun waren beide im selben Gebäude. Er im vierten Stock, sie im Keller. Und ich mitten drin. Die blöde Münchenfahrerei war ich zwar los, aber meine beiden Kranken beanspruchten mich trotzdem volle Kanne. Ganz zu schweigen von der ‚Organisiererei' mit den Geschäften und den Meerschweinchen und Paddy und Sepp…

Auch über den Klinikaufenthalt könnte man ein eigenes Buch schreiben, denn das was dort passierte… Nein, ich lasse es ruhen und mache es kurz.

Nach nur zweieinhalb Wochen wurde der Mann entlassen und nach drei Wochen das Kind. Somit hatte ich das Lazarett daheim. Nach weiteren zwei Wochen ging es für Zwerg zu einer Anschlussheilbehandlung, was ein Segen für uns alle war. Für einen mitfühlenden Menschen ist es einfach schmerzhaft, seine Angehörigen leiden zu sehen und nicht besonders viel ausrichten zu können. Außerdem sind Ehemänner ihren Ehefrauen gegenüber viel wehleidiger als Fremden, wie zum Beispiel Ärzten oder Therapeuten. Diese Tatsache ist ja allgemein bekannt. Die Kuranwendungen taten ihm ausgesprochen gut. Geschulte Physiotherapeuten verstanden ihr Handwerk und mein Mann hatte mit seinen sechsunddreißig Jahren einen enormen Gesundungswillen gepaart mit beachtlichem Durchhaltevermögen. Es war mehr als erstaunlich, wie die Heilung, trotz dieser massiven Verletzungen, voranschritt.

Töchterchen und ich arrangierten uns in diesen drei Wochen ganz gut alleine. Ihr rechtes Beinchen war noch eingegipst und ihr linkes Ärmchen mit dem Haarriss lag in einer Schlinge. Darum konnte sie erst mal noch nicht mit Krücken laufen. In der Wohnung hatte sie allerdings eine Methode gefunden, sich halbwegs selbständig zu bewegen, und zwar, indem sie sich rollend auf einem Bürostuhl fortbewegte. Das heile Bein war sozusagen ihr Motor. Um die zwei Stockwerke zu überwinden, transportierte mein hilfsbereiter Schwager seine Nichte huckepack.

Eine gut funktionierende Familie ist mehr als Gold wert!

12 – Genesung und Stress

Weihnachten rückte näher und meine Energiereserven waren mehr oder minder verbraucht. All die Ereignisse waren für mich zu viel. Mein Körper zeigte mir sehr genau, dass ich diese ungeheuren Eindrücke nicht mehr verdauen konnte und so bekam ich grauenvolle Hämorrhoidenschmerzen. Bei diesem delikaten Thema empfiehlt es sich, nicht zu sehr ins Detail zu gehen. Doch folgende Geschichte ist durchaus erwähnenswert.

Diese abartigen Körperqualen, die tatsächlich nur jemand nachempfinden kann, der sie selbst schon mal gespürt hat, zwangen mich zum Besuch beim Spezialisten, der die beschönigende Fachbezeichnung Proktologe trägt. Zwerg war noch auf Reha und so ließ ich Bebi daheim mit ihrem damals liebsten Freund, dem ‚Gameboy‘. Außerdem leisteten ihr die Meerschweinchen und Sepp Gesellschaft. Im Erdgeschoß arbeitete meine Schwester im Laden, die regelmäßig nach ihrer Nichte sah. Gut versorgt ließ ich mein Kind zuhause und machte mich getrost auf den Weg.
Auf dem Autositz rutschte mein gepeinigtes Hinterteil unruhig hin und her. Bereits die vierzigminütige Fahrt zum Arzt war grausam. Mangelhafte Ortskenntnisse verhalfen mir zu einem (ungeplanten) halbstündigen Spaziergang vom schlecht gewählten Parkplatz bis zum Onkel Doktor. Supi! Es war saukalt und mein Arsch tat mir höllisch weh. Nach dem überflüssigen Fußmarsch kam ich gerade noch rechtzeitig zu meinem Termin und nahm schließlich gequält auf dem wenig einladenden Untersuchungsstuhl Platz. Der Proktologe warf einen geschulten Blick auf meinen schmerzhaften Ausgangspunkt. Kopfschüttelnd gestand er mir zu, dass ich eine ausführliche Inspektion gar nicht aushalten könne – die Einzelheiten erspare ich mir und Euch. Doch nach den Feiertagen müsse er mich umgehend operieren. Ohne Verzug sollte ich mir von der Sprechstundenhilfe einen Termin für den Klinikaufenthalt geben lassen!

Ja sicher!
Geht's noch?!
Mann auf Kur, Kind eingegipst und ich im Krankenhaus!
Nein, das ging gar nicht.

Unbemerkt schlich ich mich aus der Praxis – natürlich ohne OP-Termin – und machte mich frustriert auf den Weg zu meinem Auto. Nach dreißig kalten Minuten saß ich wieder im Wagen und überlegte, wie ich meine Laune bessern könnte. Na klar, wir brauchten noch einen Christbaum. Den würde ich jetzt besorgen. Mein Heimweg führte direkt an einer Verkaufsstelle vorbei. Die Weihnachtsbaumeuphorie verdrängte meine Schmerzen ein wenig. Sogar mit dem richtigen Fahrzeug war ich unterwegs. Auf der Ladefläche des Pick-up konnte ich das Bäumchen wunderbar verstauen.

Mittlerweile verspürte ich großen Durst. Wieder einmal hatte ich nicht genug getrunken und selbstverständlich auch nichts zu trinken dabei. Ich hoffte darauf, dass es beim Christbaumverkauf etwas zu kaufen gab. Ausgedörrt kam ich auf dem Parkplatz an und sah zu meiner Freude am anderen Ende des Platzes so etwas wie einen Kiosk. Als ich ausstieg, meldete sich mein Popo-Aua wieder heftiger zurück. Zu allem Überfluss musste ich auch noch auf die Toilette, doch es war weit und breit keine zu sehen. Mit vor Schmerzen zusammengekniffenen Arschbacken und einer zum Bersten angefüllten Blase wackelte ich durstig zu diesem getränkeverheißenden Stand. Zu meiner großen Enttäuschung gab es dort nur Glühwein. Bei Austrocknung nicht gerade meine erste Wahl. Doch der freundliche Verkäufer kramte aus den Untiefen seiner Bude eine eiskalte Dose Sprite hervor, für einen verdurstenden Menschen die Erlösung, obwohl ich dieses Gesöff sonst nie trank. Mit der Dose an meinen Lippen, der bald platzenden Blase und meinem Höllenhintern machte ich mich auf die Suche nach einer hübschen Nordmanntanne. Da ich in diesem Zustand nicht unbegrenzt Zeit hatte, wurde die Wahl sehr schnell getroffen und ich rupfte das nächstbeste Nadelgehölz aus dem Ständer. In der einen Hand hielt ich die geleerte Dose, in der anderen Hand hatte ich das ausgesuchte zwei Meter Bäumchen eisern im Griff und schleifte es tapfer bis zum Weihnachtsbaumtrichter hinter mir her. Jetzt nur noch bezahlen, aufladen und schnellstens heimfahren. Die fünf Kilometer bis zum heimischen Klo waren infernalisch. In allerletzter Sekunde schaffte ich es, mich zu erleichtern, ohne den Blasenplatztod zu sterben oder wenigstens in die Hose zu machen.

Nach diesem mehr als lebhaften Nachmittag versuchte ich, wenigstens das Tagesende etwas anheimelnder zu gestalten. Bebi und ich aßen gemeinsam zu Abend. Danach wollte ich bei einem geruhsamen Fernsehprogramm Weihnachtsgeschenke einpacken. Also verfrachtete ich Töchterchen ins Bett und machte es mir im Wohnzimmer so gemütlich, wie es die Zustände eben zuließen. Je später der Abend, desto besser ging es meinem Hinterteil. Also war ich recht zuversichtlich, was meine geplante Abendgestaltung betraf. Im Wohnzimmer stand eine dampfende Tasse Tee bereit, mein Kind wähnte ich schlafend und so schleppte ich die Geschenke samt Papier, Schleifchen, Schere, Kleber und was sonst noch für eine schöne Verpackungsorgie nötig ist, zur Couch. Die Wohnzimmertüre machte ich natürlich zu, denn jede Mutter möchte, dass das Weihnachtsgeschenk eine Überraschung bleibt, auch wenn Zehnjährige nicht mehr ans Christkind glauben. Endlich hat mein Kater Sepp wieder einen Auftritt. Abgesehen davon, dass dieses Tier mir in dieser turbulenten Zeit ein hochgeschätzter Begleiter war und ich auf ihn eigentlich nichts kommen lasse, kommt er in dieser Geschichte nicht so gut weg.

Sepp lag nun friedlich neben mir auf dem Sofa und ich sortierte die Präsente, um sie ansehnlich zu verhüllen und zu beschildern. Ab und zu nippte ich von meinem leckeren Tee und fand schließlich so etwas wie Ruhe. Es war fast schon idyllisch.
Da hörte ich Bebis ‚Rollstuhl‘ im Gang quietschen. Anscheinend konnte sie nicht schlafen und war mit ihrem Behelfsgefährt auf dem Weg zum Wohnzimmer. Zwar hatte ich die Türe geschlossen, aber nicht zugesperrt! Sie rief nach mir und ich rief zurück, dass sie draußen bleiben solle und ich zu ihr käme. Das verstand sie wohl nicht und so rief ich nicht mehr, sondern brüllte aus Leibeskräften, denn ich wollte um keinen Preis, dass sie mich mitten in der Bescherung sah.
Die Idylle war dahin. Meine Nerven sowieso. Im Affekt sprang ich von der Couch auf, um die Türe zu sichern. Im Moment meines Aufspringens hatte Sepp dieselbe Idee, da ihn unser lauter Wortwechsel ganz durcheinander gebracht hatte. Dummerweise geriet er dabei genau zwischen meine Füße, so dass ich über den Riesenkater stolperte und der Länge nach am Boden aufschlug!

Bumm!!!

Das wiederum hörte meine Tochter und sie merkte deutlich, dass Mama jetzt nicht zum Scherzen aufgelegt war. In diesem Moment brachen meine Dämme. Lauthals schrie ich, schluchzte und heulte – vor Schmerz, Wut und Verzweiflung. Die unterdrückte Anspannung der letzten Wochen entlud sich in einer heftigen Explosion. Ohne Rücksicht auf Verluste fiel die zuletzt krampfhaft oben gehaltene Maske von mir ab. Bebi und Sepp traten eiligst den Rückzug an! Sie dampfte per Bürostuhl irritiert in ihr Zimmer ab und er verzog sich verstört auf seinen Kratzbaum. Eine halbe Stunde lamentierte ich vor mich hin, jammerte vernehmlich und tat mir furchtbar leid. Dann ebbte die Heulstunde allmählich ab. Ich hatte ohnehin Glück im Unglück, was ich unserem dicken Teppichboden zu Gute halte, der Einiges von meinem heftigen Sturz auffing. Mit Fliesen hätte das bestimmt anders ausgesehen.

Die Tränen waren fast versiegt, da setzte ich mich wieder auf die Couch und griff zu meiner quietschgelben Teetasse, um noch einen Schluck – des mittlerweile erkalteten Getränkes – zu mir zu nehmen. Als ich die Tasse wieder abgesetzt hatte, stutzte ich. Wieso hatte sie einen roten Rand? Ich sah sie mir nun ganz genau an und identifizierte das verschmierte Rot auf dem leuchtenden Gelb als Blut!

Bei meinem Sturz hatte ich mir anständig auf die Unterlippe gebissen! Diese Erkenntnis reichte aus, um noch mal nachzulegen und in die zweite Runde als Heulboje zu gehen. Vor Selbstmitleid beweinte ich mich bestimmt noch weitere zwanzig Minuten, ehe ich halbwegs zur Ruhe kam.

Für mich war es elementar, meinen Emotionen endlich Raum zu geben – für Kind und Kater war dieses Erlebnis sicherlich nicht so berauschend.

Merke: Stress ist ein Hämorrhoidenzuchtprogramm.

Die Operation hat im Übrigen auch nie stattgefunden.

13 – Einen Freund verkauft man nicht

Auch dieses Weihnachten ging vorbei, etwas anders gestaltet als die bisherigen, und zwar vor allem mit der Erkenntnis, dass wir es zusammen verbringen durften – und das lebend!
Es hätte ja auch ganz anderes kommen können...

Silvester verbrachten wir bei Julia und Robert. Ruhig und gemütlich lautete die Devise.
Etwas anderes wäre mit meinen beiden Verunfallten auch nicht möglich gewesen.
Natürlich kam die Sprache auf unser Pferd, das nach wie vor bei unseren Gastgebern im Stall wohnte. Paddy war nach dem Unfall körperlich unversehrt, seelisch konnte man das schlecht abschätzen. Ihn wieder vor die Kutsche zu spannen, hielt ich nach dem Unfall allerdings für nahezu ausgeschlossen, was mein Mann anfangs noch etwas anders sah.
Sicher war, dass der Auslauf, den Paddy sich mit dem beschaulichen Tommy teilte, ohne tägliches Arbeitsprogramm für ihn zu klein war. Julia und Robert hatten genug damit zu tun, sich um ihre vier Kinder und vier Pferde zu kümmern. Verständlicherweise blieb da kaum Zeit, Extrawürste für unseren Wallach zu braten.
So große Genesungsfortschritte mein Mann auch machte, es war nicht abzusehen, wann er mit seinen demolierten Rippchen wieder mit einem Pferd arbeiten könnte, noch dazu mit einem, dass vermutlich ‚kutschtraumatisiert' war.

Meine Freundin Lina teilte meine Bedenken und machte uns deshalb folgenden Vorschlag: Wir könnten Paddy zu ihr bringen und lediglich die Futterkosten tragen. Ihre beiden Pferde Geronimo und Milan lebten in einem geräumigen Offenstall, angrenzend an eine riesige Koppel, auf die sich ein drittes Pferd ohne weiteres dazu gesellen könnte. Verträglich waren ihre Wallache und dazu waren sie ähnlich alt wie unserer. Pferde waren (und sind) Linas Leben und sie würde sich gerne um Paddy kümmern, ihn mit hinreichend Streicheleinheiten bedenken und seinem Bewegungsdrang gerecht werden.

In der Zwischenzeit konnten wir – ohne schlechtes Gewissen – überlegen, ob, beziehungsweise wie eine Zukunft mit Paddy und uns aussehen könnte.

Zwerg und ich waren Lina unendlich dankbar, dass sie sich seiner so liebevoll annehmen wollte. Erneut zog Paddy um. Auch dieses Mal folgte er mir vertrauensvoll in den Hänger und ließ sich in sein neues, und wie wir dachten, vorübergehendes Zuhause bringen. Die drei Schecken kamen nach kurzer Eingewöhnungszeit fabelhaft miteinander aus und tobten ausgelassen über die große Koppel, wie uns Lina wissen ließ. Es war eine ungeheure Erleichterung, Paddy gut versorgt zu wissen, ohne dass man sich selbst kümmern musste. Zwerg war körperlich einfach nicht in der Lage dazu. Ich war es vor allem zeitlich nicht und das Thema Pferd war für mich ja ohnehin durch.

Zwangsläufig dachten wir an einen Verkauf unseres Pferdes.
Wem würden wir es anvertrauen können?
Was konnte man verlangen?
Würde Paddy es gut haben?
Es gab viele Fragen, die wir uns stellten und auf die wenigsten hatten wir eine Antwort.
Jetzt fing ich wieder an, in Anzeigenblättern zu stöbern. Nur dieses Mal war ich nicht der Käufer, sondern der Verkäufer. Nach vier Pferdejahren mit einigen Höhen und noch viel mehr Tiefen war es jedenfalls eine bizarre Situation.
Der Unfall war tragisch, keine Frage. Eigentlich sollte ich froh sein, dass die Geschichte zu einem Ende kommen würde. Doch es nagte in mir. Etliche Telefonate mit interessierten Käufern gaben mir zu denken. Nun war auch ich zu einer ‚Expertentrulla‘ mutiert!
Irgendwie konnte es mir keiner recht machen, sowohl was die telefonischen Auskünfte betraf, als auch das persönliche Treffen mit potentiellen Käufern.
Paddy traf keine Schuld am Unfall. Dass die Kutsche kippte, dafür konnte er nichts. Und dass wir am Anfang mit allem überfordert waren, dafür konnte er noch weniger.
Doch jetzt drohte ihm die Abschiebung.

Mein Konflikt. Da war er wieder. Im Grunde war er nie weg. Mein anhänglicher Kamerad begleitete mich beharrlich und zuverlässig. „Wohin mit dem Tier? Bei wem geht es ihm gut? Was wollen Mann und Kind? Könnte Zwerg doch wieder Kutsche fahren? Würde es mit Paddy trotz Unfall funktionieren? Könnte sich das Unglück wiederholen? Was denken Freunde und Familie? Hätte ich endlich Ruhe?"...
Das Fragenkarussell drehte sich unablässig und ich zermarterte mein Hirn und mein Herz. Wieder wollte ich es allen recht machen. Der Zustand war unerträglich für mich.

Es waren bestimmt schon zwei Monate vergangen, seit Paddy bei Lina eingezogen war. Immer noch hatten wir keine Entscheidung getroffen. Mein Seelenzustand war ihr dieses Mal nicht entgangen, doch mir ihrer. Paddy wuchs ihr täglich mehr ans Herz und sie gestand mir, fast unter Tränen, dass wir ihn jetzt schnell verkaufen müssten, da sie es nicht mehr lange aushalten würde, ihn nach der intensiven Eingewöhnungszeit wieder abzugeben.
Mein Mann und ich führten ein sehr langes, ausführliches Gespräch. Wir wogen alles ab. Sämtliche Argumente legten wir auf den Tisch. Geld hin oder her, das Teuerste an einem Pferd ist – nebenbei bemerkt – auch nicht der Kauf, sondern der Unterhalt. Schließlich entschlossen wir uns gemeinsam, Paddy Lina zu schenken. Wohl nirgends würde er es besser haben als bei dieser pferdeverrückten Frau. Wo zwei Rösser satt werden, verhungert auch ein drittes nicht.
Mit dieser guten Nachricht in der Tasche machte ich mich auf den Weg zu meiner Freundin. Sie freute sich ungeheuer über unser Geschenk und dieses Mal kullerten beiderseits Freudentränen. Zwerg und ich bereuten diesen Schritt niemals. Jederzeit konnten wir Paddy besuchen und dieser begrüßte seinen ehemaligen Besitzer dann immer noch mit dem bekannten, tiefen Blubbern.
Das Tier war eben doch zu einem Freund geworden – und einen Freund verkauft man nicht!

Lina steckte viel Zeit und Energie in ihren Neuzugang. Ziemlich lange dauerte es auch, bis sich der Kutschunfall nicht mehr auswirkte, zum Beispiel in Form von Erschrecken, wenn ein Auto von hinten angefahren kam. Gott sei Dank war Geronimo ein Verlasspferd erster Güte. Sein ruhiges

Wesen tat Paddy unheimlich gut und die beiden wurden dicke Freunde. Mit Liebe, Geduld, Konsequenz und viel Sachverstand gelang es Lina, aus Paddy ein solides Wanderreitpferd zu machen. Beide hatten sichtlich Spaß daran und Lina teilte die Ausritte gerecht unter ihren Pferden auf.

Allerdings gestand sie uns zu, dass Paddy wirklich kein Anfängerpferd war. Mit seinem Temperament und seinem Ehrgeiz – nicht nur auf Wanderritten – immer vorne dabei zu sein, waren Zwerg und ich nicht grundlos überfordert gewesen. Sogar einen Spitznamen bekam unser ehemaliger Vierbeiner. In Wanderreitkreisen wurde er ‚Turbotinker‘ genannt. Das lag daran, dass er bei Galoppstrecken die Reitgruppe mit Vergnügen hinter sich ließ. Ob Quarter Horse oder Andalusier: An Schnelligkeit konnte ihm keiner das Wasser reichen. Er versägte sie alle.

So kam das Abenteuer Pferd nach vier Jahren endlich für alle Beteiligten zu einem guten Ende, obwohl wir etliche Federn gelassen hatten. Trotzdem bin ich froh, diesen Teil erlebt und gelebt zu haben. Hätte ich es nicht getan, würde ich mich höchstwahrscheinlich heute noch fragen, wie es denn wäre mit einem eigenen Pferd.

Mit meiner farbenfrohen Oma im bunten Chaos der *Hazienda*. Man beachte die
Verschmelzung der floralen Muster von Tapete, Tischdecke und Pyjamas

Mein langer Pudel Whisky und ich

Whisky und Charly als Hundegespann

Modellpferd Flicka, das in der Mülltonne landete

Papa, während Jeannie
sich was Leckeres aussucht

Seine Majestät – unser geliebter Meisterkater Sepp

Paddy – der wilde Ire im schönen Bayern

Mein Steineladen – ein herrliches Sammelsurium

Mein Laden im neuen Haus – um einiges kleiner, aber nicht weniger bunt

Zwei entzückende Katzenmädchen – Betty und Boo als Babys

Betty und Mimulus

Nelson 1 – unser liebenswerter Lümmel

Bullibu und Nelson 2 – innige Kindheit

Alle meine Schätzchen – Nelson, Mimulus, Betty, Bullibu

Vier auf einen Streich

13 – Schweine und so…

Während dieser stürmischen Zeiten fragte unsere Tochter im Alter von acht bis neun Jahren immer wieder nach einem eigenen Tier. Die Beschäftigung mit dem Pferd war für sie uninteressant bis unmöglich, was in den letzten Kapiteln mehr als deutlich wurde.
Kater Sepp mochte sie zwar sehr gerne, doch der war hauptsächlich auf mich fixiert.
Verständlich, dass sie gerne einen eigenen Vierbeiner haben wollte. Leider bot unsere Wohnung im zweiten Stock nicht die Möglichkeiten, die ich bei Oma und Opa haltungstechnisch wahrnehmen konnte.

Bebis erste Idee war ein Hund. Franka, die Mutter ihrer Freundin Vanessa, setzte ihr den Floh ins Ohr. Diese beschäftigte sich gerade sehr intensiv mit dem Thema Hund und sah es als ihre Aufgabe, allen Menschen dieses Haustier näherzubringen oder gar aufs Auge zu drücken. Diese Anregung fand ich gar nicht gut. Klar, ich hatte auch mal einen Pudel, meinen Whisky. Da lebte ich in einem Haus mit Garten und war zudem ein paar Jahre älter als meine Tochter jetzt. Erschwerend kam hinzu, dass Sepp Hunde verabscheute, was sich darin äußerte, dass er vor ihnen panikartig floh. Eines Tages kam eine Bekannte zu Besuch. Sie war gerade mit ihren Hunden beim Tierarzt gewesen und hatte zwei zuckersüße, klitzekleine Welpen in einem Korb. Die Augen der Babys waren noch nicht einmal geöffnet. Natürlich wollte sie uns die beiden zeigen. Die zwei drallen Würschtl sahen null aus wie Hunde, eher wie rundliche Meerschweinchen. Ich nahm Sepp auf den Arm und ließ ihn ins Hundekörbchen schauen. Erst guckte er ganz interessiert, doch blitzartig nahm er Witterung auf und konstatierte, dass die zwei blinden Brocken ganz Furcht einflößende Bestien sein mussten.
Entsetzt nahm er Reißaus und ward für Stunden nicht mehr gesehen. Ähnlich war es mit einem Bekannten, der seine wohlerzogene Hündin in unsere Wohnung mitbrachte. Unser Kater ging bei ihrem Anblick kopflos stiften und verschwand für den Rest des Tages. Wie sollte er da einen bleibenden Hund verkraften? Die frühe Prägephase, in der man Hunde und Katzen problemlos aneinander gewöhnen kann, war bei Sepp eben vorbei. Zukünftig bat ich alle Hundebesitzer, uns ohne ihre Vierbeiner zu

besuchen. Mein Kater ging mir über alles und ich wollte nicht, dass sich solche Panikattacken wiederholten.

Den Wunsch vom ‚besten Freund des Menschen‘ konnte und wollte ich unserer Tochter somit nicht erfüllen.

Doch Bebi gab nicht auf. Das Thema Hund war zwar durch, doch eine weitere Idee keimte nun in meinem Kind auf. Die hundebegeisterte Franka hatte durchaus auch Sinn für andere Tiere. Vorübergehend hatte sie zwei schwarz-weiße Rosettenmeerschweinchen in Pflege genommen, die wegen einer Tierhaarallergie der Besitzerkinder dringend einen neuen Platz suchten. Mein Mädchen verliebte sich in die haarigen Brüder und appellierte augenblicklich an mein großes Herz, tierisches Verantwortungsbewusstsein inbegriffen. Man könnte den Burschen bei uns doch ein tolles Zuhause geben. Sie selbst würde sich um die Tiere kümmern und sich natürlich in Verantwortung üben. All die Argumente wurden von ihr aufgezählt, mit denen Eltern konfrontiert werden, wenn Sprösslinge einen Wunsch durchsetzen möchten.

Also gut! Meerschweine hatte ich zwar noch nie, doch Erfahrungen mit Nagetieren in Form von Kaninchen konnte ich zumindest aufweisen. Nach ein paar Vorgesprächen mit Franka einigten wir uns auf den Versuch, es mit den Tierchen zu probieren. Die beiden trugen die Namen Basti und Matze, welche wir ihnen ließen, obwohl mir Karl und Heinz viel besser gefallen hätte. Doch es waren Bebis Tiere und so blieb es bei den angestammten Namen. Im Großen und Ganzen lief es richtig gut mit den zutraulichen Kerlchen. Bebi kümmerte sich, ihrem Alter entsprechend, sehr sorgfältig um den familiären Neuzuwachs. Füttern, ausmisten, Gras pflücken und was es sonst noch zu tun gab. In der Regel sorgte sie selbstständig für ihre Tiere. Ab und zu erlaubte ich mir einen kleinen Hinweis, dem schnell Folge geleistet wurde. Meerschweinchen samt Käfig und Zubehör wurden uns unentgeltlich überlassen, da die ehemaligen Besitzer einfach froh waren, dass die Tiere einen guten Platz gefunden hatten. Da Käfighaltung nicht so mein Ding ist, durften die Schweinemänner unter Aufsicht in der Wohnung rumlaufen. Natürlich musste man da hinterher sein, denn stubenrein waren die zwei nicht. Mein Mann baute ihnen noch einen überdachten und großzügigen Auslauf, der auf der großen Terrasse

im ersten Stock platziert wurde, damit war – bei entsprechender Wetter-
lage – ein gesicherter Freilauf gewährleistet.

Auch Sepp kam mit den neuen Mitbewohnern gut klar. Er identifizierte sie
nicht als Hunde und hatte folglich keine Angst vor ihnen. Im Gegenzug
brauchten auch Basti und Matze keine Angst vor dem Kater haben, denn
dieser war sanftmütig und betrachtete sie nicht als Beute. Sein Jagdtrieb
war ohnehin unterentwickelt, was wir alle sehr begrüßten. Während seiner neunzehn Lebensjahre brachte er lediglich zwei Mäuse und drei Vögel
nach Hause. Höchstwahrscheinlich hatten die Opfer den Jäger gebeten,
sich ihrer anzunehmen, indem sie sich halbtot vor ihn warfen. Was waren
wir verwöhnt mit diesem tadellosen Kater.
Seltsam war allerdings die ‚Wühlmausgeschichte' in Sepps letztem halben
Jahr, doch davon später mehr.

Jedenfalls hatten wir viel Freude mit den Meerschweinchen, die wir der
Einfachheit halber nur ‚Schweine' nannten. Gab es was Leckeres zu Fut-
tern, riefen wir vorher immer deutlich: „Schaaaaweiiiineeeee!" Daraufhin
reckten die zwei ihre Köpfchen in die Höhe und gurrten erwartungsvoll.
Fressen ist eine der Lieblingsbeschäftigungen dieser Nagetiere und man
musste schon Acht geben, dass sie nicht zu dick wurden. Bebi beschäftigte
sich viel mit den possierlichen Tierchen. Sie liebten es sehr, gestreichelt zu
werden. Besonders beliebt war Halskraulen, was der kräftige Matze meist
mit wohligem Gähnen quittierte, alle Viere von sich streckend und – platt
wie eine Flunder – auf einem von uns einschlief.
Es konnte passieren, dass wir zu sechst im Bett lagen: Zwerg und Bebi mit
je einem Schwein, ich mit dem Kater, alle wohlig aneinander gekuschelt.
Da wir sie ja bereits ‚gebraucht', also schon mehrjährig, bei uns einquar-
tierten, konnten wir das genaue Alter nicht bestimmen. Wahrscheinlich
waren sie beim Einzug zwei bis drei Jahre alt. Zumindest wurde uns das
von Franka übermittelt. Bei uns lebten sie weitere fünf Jahre und erreich-
ten letztendlich ein recht hohes Alter von etwa acht Jahren.

Basti machte seinen letzten Atemzug nachts in den Armen unserer Tochter-
ter, worauf sie uns entsetzt und aufgelöst weckte. Wir legten ihn noch
einmal zurück in den Käfig, damit sein Bruder sich von ihm verabschieden konnte. Dann wickelten wir das tote Meerschweinchen in ein schö-

nes Geschirrtuch und bewahrten ihn bis zum nächsten Morgen in einem Schuhkarton auf. Matze folgte ihm wenige Monate später. Friedlich lag er eines Morgens tot in seiner Behausung – mit einem Heuhalm im Mäulchen.

Beide wurden angemessen bestattet, jeweils in ein Tuch aus Baumwolle gewickelt, wie eine winzige ägyptische Mumie. Dazu bekam jedes Schweinchen ein selbst gebasteltes kleines Holzkreuz ans Grab. Sozusagen bairisch-römisch-katholisch – in ägyptischem Gewand.

Bebi war jetzt fast vierzehn und wir entschieden gemeinsam, dass das Schweinekapitel nunmehr beendet war.

14 – Wasserrohrbrüche

Als mein Großvater noch lebte, hatte er arge Knieprobleme. Insgesamt wurde er innerhalb von zehn Jahren sechs Mal operiert, hübsch ordentlich auf seine beiden Knie aufgeteilt. Während dieser Krankenhaus- und anschließenden Kuraufenthalte oder auch mal einer Urlaubswoche, kümmerte ich mich um sein Haus und dessen Bewohner. Als ich noch zur Schule ging, wohnte ich währenddessen dort. Ich liebte es in diesem Haus, in dem ich ja bereits sieben Jahre gelebt hatte, alleine schalten und walten zu können. Ein bisschen zum Leidwesen der Nachbarn feierte ich zwei legendäre Feste in dem alten Häuschen.

Mit Opas schnittigem, orangefarbenen Ford Taunus Coupé fuhr ich – nicht immer regelmäßig – in die Schule oder lieber noch an attraktivere Orte und natürlich zu ihm ins Krankenhaus. Ich wusch seine Wäsche, brachte ihm in die Klinik, was er so brauchte, goss die Pflanzen und pflegte und umsorgte seine Tiere.

Zwar war ich wild, doch auch zuverlässig.

Verblieben waren ihm die drei Zwergpapageienmädels und eine furchtbar scheue Katze mit dem einfallsreichen Namen Miezi. Miezi war sehr verwöhnt. Wie der alte Bimbi bekam auch sie ausschließlich Rindfleisch. Opa trug mir auf, nur ,brätiges' Fleisch für sie zu besorgen, das ich ihr obendrein in sehr kleine Bröckchen schneiden musste. Sie fraß nur, wenn ich nicht da war. Oder sie schlich sich nachts zum Futternapf. Doch eines Tages erwischte ich die schüchterne kleine Katze. Schnell schloss ich die Küchentüre und schnitt ihr den Weg ab. Beherzt griff ich mir das Mädel, setzte mich mit ihr in einen Sessel im angrenzenden Wohnzimmer und drückte sie mit sanfter Gewalt auf meinen Schoß! Erst versuchte sie, sich zu wehren und abzuhauen, doch nach wenigen Minuten gab sie unerwartet nach. Regelrecht erleichtert begann sie plötzlich laut zu schnurren und knetete dabei ungestüm auf meinen Knien und Oberschenkeln herum. Es fühlte sich an wie eine Akupunkturstunde für Fortgeschrittene, doch ich hielt durch. Mindestens dreißig Minuten dauerte diese Schmuseattacke. Meine Knie sahen danach aus, als hätte ich sie mit einer Wurzelbürste geschrubbt. Von diesem Zeitpunkt an floh Miezi nicht mehr vor mir und wir pflegten ein entspanntes und liebevolles Verhältnis. Sie war auch meinem Opa eine wertvolle Begleiterin. Vielleicht tat er ihr auch so viel Gutes, weil er damals meinem schwarzen Kater Bonny so Unrecht zugefügt hatte. Auch um Großvaters drei gefiederte Weiber, die Zwergpapageiendamen, kümmerte ich mich wie in früheren Zeiten eben. Füttern, tränken, Käfige säubern.

Mit Wonne heizte ich, wie ich es als Kind schon liebte, den Holzofen im Bad ein, legte Musik auf (zum Beispiel Michael Jacksons legendäres ‚Thriller'-Album), lud Freunde ein und genoss ein paar selbstbestimmte Wochen während Opas Absenzen.

Irgendwie führte dieses Verhalten meinen Großvater auf eine falsche Fährte. Allen Ernstes dachte er, er könnte mich dazu bringen, wieder zu ihm zu ziehen. Im ersten Stock, der aus drei sehr kleinen Zimmern bestand, ließ er für nicht wenig Geld eine Gaube errichten, um an Wohnplatz zu gewinnen. Sogar eine Toilette wurde oben installiert. Wenn er gewusst hätte, dass ihn dieses WC noch um zigtausende von D-Mark bringen würde, bin ich sicher, er hätte diese Umbaumaßnahmen gelassen. Mittlerweile wohnte er nur noch im Erdgeschoss. Das tägliche Treppensteigen war mit seinen lädierten Knien einfach zu beschwerlich.

Doch trotz dieser Wohnraumneugestaltung kam ich nicht auf den Geschmack.

Haus und Tiere hüten? Jederzeit!

Opa helfen? Gerne!

Aber wieder mit ihm zusammen in einem Haus wohnen? Niemals!

Letztendlich sah er ein, dass er mit mir als Mieterin nicht mehr rechnen konnte. So versuchte er es mit einer anderen jungen Dame, was nicht sehr glücklich endete. Nachdem er sie rausgeschmissen hatte, musste er sogar seine (dreistellige!) Telefonnummer aufgeben. Die Kerle, die an dem flatterhaften Mädel interessiert waren, riefen noch wochenlang nach ihrem Auszug an, was meinem Großvater eindeutig zu viel war und er sich eine (nun vierstellige) Geheimnummer geben ließ! Auf weitere Untermieter verzichtete er dankend.

Als Zwerg und ich zusammenzogen, wohnte ich während Opas Krankenhausaufenthalten natürlich nicht mehr in seinem Haus. Solange Miezi

noch lebte, fuhr ich täglich zwei Mal zum Füttern hin. Dabei versorgte ich die Vögel gleich mit.
Nachdem Miezi das Zeitliche gesegnet hatte, war es ausreichend, als Haus- und Vogelsitter nur jeden zweiten Tag zum Füttern rauszufahren. Opa war sogar der Meinung, dass jeder dritte Tag reichen würde. Das konnte ich aber nicht mit meinem Gewissen vereinbaren. Dem Himmel sei Dank! Sonst wäre es möglicherweise noch schlimmer gekommen…

Es war ein eisiger Januartag, als ich die zwei Kilometer zu Opas Haus fuhr, um meine Pflichten zu erledigen. Sofort nach dem Aufschließen der Vorhaustüre war mir klar, dass etwas nicht in Ordnung war. Die Papageien schimpften aufgebracht. Laut und deutlich vernahm ich ihr kreischendes Gezeter durch die Türe zur Hazienda, die sich links von mir befand. Instinktiv öffnete ich jedoch die eigentliche Haustüre vor mir und stand schockiert im Flur.

Das durfte nicht wahr sein!
Alles war feucht, Wasser tropfte von der Decke und ich nahm ein fauchendes Rauschen wahr.
Ich brauchte einen Moment, bis ich begriff, was das war und woher das grässliche Geräusch kam. Eindeutig ortete ich dessen Ursprung im ersten Stock. Hals über Kopf spurtete ich die steile, enge Stiege hoch und riss die Toilettentüre auf.

Uuuuh!
Ein kleines, nicht einmal fingerdickes Metallrohr, das in den Spülkasten führen sollte, hatte sich daraus gelöst und spuckte eine unaufhörliche Wasserfontäne aus! Das kalte Nass spritzte mir ins Gesicht und auf meine Kleidung. Fieberhaft suchte ich nach einer Möglichkeit, das Wasser abzustellen. Irgendwie schaffte ich es, das brodelnde Röhrchen wieder an seinen Platz zu drücken und ertastete einen Ring an der Zuleitung, den ich drehen konnte. Tatsächlich gelang es mir auf diese Weise, dem Erguss Einhalt zu gebieten.

Das Haus war alt, so gut wie nicht isoliert und diese Toilette befand sich direkt unter dem Dach. Durch die Minusgrade gefror das Wasser im Rohr, wodurch es aus seiner Verankerung ploppte und die Flüssigkeit ungehindert aus der Leitung sprudelte.

Eigentlich war es lebensgefährlich, sich im Haus aufzuhalten. Die Sicherungen waren nicht rausgesprungen. So etwas wie einen FI-Schalter gab es nicht bei Opa. Sicher hatte er wieder gespart und sich diese wilde Stromkastenkonstruktion – von wem auch immer – einbauen lassen.

Meine Gedanken drehten sich sowieso um andere Dinge. Erstmal wieder runter und nach den Vögeln sehen. Die hatten Glück im Unglück, da sie in der Hazienda untergebracht waren, die nicht zum eigentlichen Haus gehörte, sondern ein Anbau war, der sich nicht unter der so genannten Fehlbodendecke befand. Auch der Heizlüfter, den sie für eine konstante Temperatur benötigten, lief einwandfrei. Also wieder raus aus dem Vogelzimmer und – über Vorhäusl und Flur – zurück ins Haus.

Die Küche ging noch so, aber das Wohn- und Schlafzimmer!

So etwas hatte ich noch nie gesehen!

In schleimigen Bögen hingen die Tapetenbahnen von der Decke. Die gläsernen Lampenschirme des mehrarmigen Wohnzimmerleuchters waren bis obenhin mit Wasser gefüllt und die Glühbirnen brannten sogar darin! Alles war überschwemmt, die Gläser und Vasen in den Regalen waren komplett eingeschenkt, die Kleidung und Wäsche in den Schränken war pitschnass, Couch und Sessel durchfeuchtet, Bücher und Akten bewässert. Es war schlicht und einfach entsetzlich!

Der dauerhaften Flut von oben boten die alten Fehlböden – eine Konstruktion aus Holz, Stroh und Kies – keinen Widerstand. So lief das Wasser mindestens einen – dem Schaden nach zu urteilen – eher zwei Tage lang nach unten durch. Im Keller stand es zwanzig Zentimeter hoch, was mich nicht sonderlich beunruhigte. Das würde von alleine versickern…

Das ganze Haus war im Eimer – dachte zumindest ich.

Opa nahm die Katastrophennachricht erstaunlich gelassen auf, worüber ich mich absolut wunderte. Doch er war kriegserprobt und so schnell gab der nicht auf. Ein bisschen hatte ich sogar das Gefühl, dass er sich darauf freute, sich wieder einer Herausforderung stellen zu können. Allerdings war es mehr als unvorteilhaft, dass er wenige Monate vor diesem Unglück seine Wasserschadenversicherung gekündigt hatte. Alles musste er aus eigener Tasche bezahlen. Gut, Opa war nicht arm, auch wenn er sich manchmal so darstellte, doch jetzt erkannte er zumindest ansatzweise, dass es äußerst ungünstig war, am falschen Ende zu sparen. Pflichteifrig tat ich in den folgenden Tagen und Wochen mein Bestes, um die verheerenden Schäden zu beseitigen. Die nassen Tapeten von den Decken und Wänden abziehen, Wäsche waschen, Schränke ausräumen, Geschirr auslagern, Möbel in die Garage stellen und so fort. Mein Mann unterstützte mich tatkräftig bei den Aktionen. Alleine hätte ich das nicht geschafft.

Allen Ernstes verbrachte mein Großvater die vier Tage zwischen Krankenhaus und Reha bei seinen Vögeln in der Hazienda auf dem kleinen, klammen Kanapee. Er fand das tadellos. Ich fand ja, für ihn wäre endlich die Zeit gekommen, sich mal eine neue Wohnzimmercouch mit Sesseln zu leisten und das sumpfige Mobiliar dem Sperrmüll anzuvertrauen.
Doch nix da! Jedes Möbelstück wurde getrocknet und kam wieder an seinen alten Platz.
Sogar seine Stereokompaktanlage, die wir hochkant stellten, damit das Wasser auslaufen konnte, funktionierte nach einer gewissen Trockenzeit wieder.
Das war noch Qualität!

Es blieb nichts anderes übrig, als eine sachkundige Firma zu beauftragen, die sich seines pitschnassen Hauses annahm und dafür in einem Monat fünftausend Kilowatt Strom durch die Trocknungsgeräte jagte. Jeden Tag fuhr ich zwei Mal zum Haus, um die mit Wasser gefüllten Kondensatoren auszuleeren. Raumausstatter ersetzten die ramponierten Teppiche und brachten neue Tapeten an. Ich räumte alle Schränke wieder ein, putzte die Fenster und erledigte, was an ‚Kleinarbeiten‘ sonst so anfiel. Vier Wochen und ungezählte Arbeitsstunden später, sowie ein hübsches Sümmchen Geld weniger, sah alles wieder richtig gut aus.
Abschließend sollte mein Onkel (der sich mal in Fannys Sattel geschwungen hatte) im Wohnzimmer noch eine Zierverblendung aus Holz über der Aufputzleitung der zentralen Ölversorgung anbringen. Diese war zwar zweckmäßig, jedoch unschön, in der Ecke direkt neben der Schrankwand angebracht. Onkel Franz war der Bruder meines Vaters, ein wunderbarer

Mensch. Ich mochte ihn und seine Frau sehr, sie waren liebevoll, sehr gastfreundlich und überaus hilfsbereit.

Diese Hilfe nahm mein Großvater in Anspruch, denn Onkelchen war gelernter Schreiner. Er war genauso alt wie Opa. Beide hatten schon achtzig Lenze auf dem Buckel. Franzens Ausbildung war demzufolge schon ein paar Jahre her und er hatte zwischenzeitlich ein paar Finger verloren sowie ein paar Dioptrien dazugewonnen.

Mein Lieblingsonkel und ich trafen uns vor Opas Haus. Wir marschierten hinein, damit er dem Wohnzimmer mit der sauberen Holzleiste den letzten Schliff verpassen konnte. Gefüllt mit geputzten Gläsern, glänzendem Geschirr und was mein Großvater sonst darin beherbergte, wartete die Schrankwand hübsch aufgetakelt auf ihren Einsatz.

Wirklich, ich hatte ganze Arbeit geleistet. Damit eine mögliche Restfeuchte abziehen konnte, hatte ich die Türen der Schränke weit geöffnet. Alles war makellos.

Während Onkel Franz die Nägel durchs Holz in die Wand trieb, hielt ich mich nebenan in der Küche auf, kümmerte mich um Bagatellen und freute mich auf den Abschluss der Arbeiten.

Auf einmal vernahm ich folgenden Satz:
„So ein Scheißdreck!!!"

Das klang nicht gut. Schnell sprang ich ins Wohnzimmer.
Oh nein, bitte nicht!

Onkel Franz hatte mit einem Nagel zielsicher die Ölleitung perforiert! Ein feiner butteriger Sprühregen nieselte unbeirrt in das frisch renovierte Zimmer, vor allem aber geradewegs in den sauber eingeräumten Schrank, über die Gläser und die Teller und den restlichen Inhalt.

So schnell ich konnte schloss ich alle Türen, doch es war zu spät!
Ich mag mich gar nicht mehr erinnern, wie ich auch dieses Chaos noch in den Griff bekam.

Als ich Opa am Abend von diesem Malheur am Telefon berichtete, war sein einziger, lapidarer Kommentar: „So ein Arschloch!"

Nach einem letzten Kraftakt meinerseits zog mein Großvater nach dem Kuraufenthalt wieder in seinen Wohnsitz. Ein bisschen ölig roch es immer noch...

Übrigens war das die Zeit, in der ich – quasi nebenbei – auch noch nach meinem (Alb)Traumpferd suchte, das ich im April ja auch fand.

Fast drei Jahre konnte Opa sein wiederhergestelltes Heim noch genießen. Dann baute er rasant ab. Im Oktober 1997 starb er mit dreiundachtzig Jahren im Krankenhaus.

Eine Zwergpapageienfrau folgte ihm einen Tag nach seinem Tod. Wir begruben sie im Garten unter dem Vogelbeerbaum.

Somit erbte ich Haus, Hof und die zwei ‚Restvögel‘, für die sich letztendlich mein Bruder und seine Frau interessierten und die beiden Schreihälse dankenswerterweise aufnahmen.

Was tut man jetzt mit so einem Haus? Erst mal nichts außer Akten sichten, Telefon und dergleichen kündigen, sich in Erinnerungen verhaften. Unversehens bekam ich in kürzester Zeit mehrere Mietanfragen, die ich allesamt ablehnte, da ich eigentlich noch nicht bereit war.

Und dann kam Lina – meine ‚Pferdelina‘ – und hatte eine große Bitte, die ich ihr nicht abschlagen konnte. Linas damaliger Freund, nennen wir ihn mal Johnny, war ein Individualist. Hilfsbereit, intelligent, freundlich und unterhaltsam. Aber auch cholerisch, pedantisch, nervig und rechthaberisch. Lina war mit den Nerven fertig. Sie ertrug Johnnys ‚schizophrene‘ Art nicht mehr und bat mich verzweifelt, ob man ihn nicht vorübergehend im Opahäuschen einquartieren könne? Nach kurzer Bedenkzeit gab ich grünes Licht und Johnny zog kurz vor Weihnachten in seine neue Bleibe.

Lina konnte gut mit Pferden, ich konnte gut mit Johnnys. Mit mir konnte er das Spiel nicht so ausspielen wie mit meiner Freundin. Er war ja auch kein böser Mensch. Niemals hätte er die Hand gegen jemanden erhoben. Zudem gab es genügend Gelegenheiten, bei denen man mit ihm herzhaft lachen und sich blendend amüsieren konnte. Beispielsweise ein Pfannkuchenessen bei uns, wo er sage und schreibe fünfzehn große Pfannkuchen verdrückte, bei schlanker Statur wohlgemerkt! Er hätte noch ein paar mehr vertragen, wie er uns später gestand, traute sich aber nicht zu fragen, da er nicht als gierig dastehen wollte.

Andererseits konnte er furchtbar anstrengend sein und sich stundenlang in Kleinigkeiten verlieren, sowohl verbal als auch handwerklich. Da ich ihm nicht so nahe stand wie Lina, tangierte mich sein Getue nicht besonders. Außerdem hatte ich ja meinen Zwerg. Den respektierte er sowieso. Der Respekt war auch nicht mein persönliches Problem, sondern die mitunter stundenlangen, ermüdenden Ausführungen, wenn er sich in technischen Details von Dingen ergoss, die mich einen feuchten Pups interessierten. Auch belehrte er gerne umständlich in erschöpfenden Monologen, was ich gar nicht gerne mochte, weil ich selbst ein Klugscheißer bin. Kurzum: Er hörte sich einfach gerne lange reden und verlor sich dann in uninteressanten Einzelheiten.

Seine Wohnzeit sollte eher von kürzerer Dauer sein. Insgesamt wurden dann ein paar Jahre daraus. Doch wir alle waren mit dieser Lösung zufrieden. Johnny hatte eine Unterkunft, Lina ihre Ruhe und ich ein bisschen Miete. Auf jeden Fall wurde das Haus bewohnt, beheizt und somit belebt. Dauerhaft unbewohnte Häuser sterben meist langsam vor sich hin. Manchmal tun das auch bewohnte.

Logisch, dass mein Mieter auch mal in den Urlaub fahren wollte, wofür er sich den Monat Januar auserkoren hatte. Naturgemäß hatten wir einen kalten Winter und ich wies ihn eindringlich darauf hin, dass er unbedingt das Wasser abdrehen müsse wegen des Rohrbruches, der sich vor drei Jahren ereignet hatte. Johnny entgegnete mit Inbrunst, dass er selbstverständlich oben das kleine Rohr und zusätzlich auch im Keller den Haupthahn abdrehen würde. Weitschweifig beschrieb er uns die Ausführung seines Vorhabens.

Ja wenn der Meister der Wasserleitungen uns das so ausdrücklich versicherte, was sollte da noch schief gehen?

Also flog Johnny für drei Wochen in den sonnigen Süden und hinterließ seine Bleibe – mutmaßlich gesichert – zurück.

Zwei Wochen war er schon weg, da fiel mir ein, dass ich etwas aus Opas, respektive meinem Haus, brauchte. Immer noch hatte ich nicht alles ausgeräumt. Im ersten Stock gab es Einiges an Inventar, das ich, je nach

Bedarf und Zeit, sortierte und abholte. Mit Johnnys Wissen und Einverständnis besaß ich weiterhin einen Schlüssel, den ich für solche Fälle benutzen konnte. Nichts ahnend schloss ich die Vorhaustüre auf.

Da war er wieder! Der Geruch von Nässe und Moder!
Ich riss die Türe zum Flur auf. Da war es wieder!
Das böse, fauchende Geräusch aus dem ersten Stock!
Oh nein, bitte nicht noch einmal!!!
Oh doch! Die Katastrophe von damals wiederholte sich...

In der Tat hatte ‚Mister Johnny Alleskönner‘ seinen umfassenden theoretischen Ausführungen in der Praxis nicht Folge geleistet. Von wegen Haupthahn abdrehen! Der Aufschneider ließ sich wahrscheinlich gerade die afrikanische Sonne auf den Pelz brennen, während ich mich in die eiskalten Fluten stürzte und versuchte, seinen Computer und was ihm sonst noch lieb und wichtig war, zu retten.

Es war nicht ganz so schlimm wie beim ersten Mal, aber schlimm genug. Am liebsten hätte ich die Bude in dem Moment abgefackelt, doch sie hätte nicht gebrannt. Dafür wäre sie dann doch zu feucht gewesen.
Die wichtigsten Arbeiten erledigten wir vorab für Johnny. Wir wollten ja nicht, dass das Haus komplett verschimmelt. Allerdings musste er sich mit der Notversion begnügen und sich eine Woche später selbst um die – von ihm verursachte – Misere kümmern.

Lange hatte ich mit dem romantischen Gedanken gespielt, das alte Häuschen zu renovieren, technisch auf den neuesten Stand zu bringen und mit meiner kleinen Familie selbst dort einzuziehen. Der zweite Rohrbruch killte diese Pläne radikal. In diese pitschige Burg lohnte es nicht, auch nur einen Pfennig zu investieren. Abgesehen davon hatte mein Zwerg diese Idee ohnehin nie mit mir geteilt, was ich zunächst nicht verstand.

Die Renovierung eines alten Hauses dauert länger und ist erheblich aufwändiger, als einen Neubau zu starten. Es kann sogar zur Lebensaufgabe werden. Als Handwerker verbrachte mein Mann die ganze Woche auf Baustellen. Da war es ihm einfach wichtig, wenigstens an den Wochenenden davon verschont zu bleiben.

Nun ja, wenn man so will, hat Johnny seinen Teil dazu beigetragen, dass sich langsam Hausbaupläne in unsere Köpfe schlichen.

15 – Ein unerschütterlicher Weggenosse

Ereignisreiche Jahre lagen hinter uns und die letzten drei waren besonders turbulent.
1997 starb mein Opa, 1998 eröffnete ich mein Geschäft, Zwerg und Bebi verunglückten mit der Kutsche, und ein halbes Jahr darauf starb mein Vater mit neunundsiebzig Jahren an den Folgen einer Herzoperation und ich war mit fünfunddreißig Vollwaise.
Jetzt durfte es mal wieder beschaulicher werden.

Während der gesamten Zeit war Kater Sepp eine unerschütterliche Konstante in unserem Leben. Der fellige Fels in der Brandung. Wenn diese Vielzahl an Ereignissen oft ein erhebliches Maß an Verwirrung stiftete, schaffte er es immer wieder, Ruhe einkehren zu lassen und zur Besinnung zu kommen.

Er hatte eine außergewöhnliche Anziehungskraft, sogar auf Menschen, die Katzen nicht mochten. Außer Hunden war Sepp allen Wesen gegenüber aufgeschlossen. Fast immer folgte er uns in die Räume, in denen wir uns aufhielten. Aßen wir, saß er mit am Tisch (ohne zu betteln!). Schauten wir fern, kam er auf die Couch. Gingen wir ins Bett, schlüpfte er mit hinein. Auch Büroarbeiten beaufsichtigte er, indem er sich sehr breit auf dem Schreibtisch niederließ, übrigens der einzige Tisch, den er benutzen durfte. Alle anderen waren ‚Anti-Sepp-Tische'. Er liebte es, herumgetragen zu werden, woraus das Übergeben-Übernehmen- Spiel entstand. Im Büro hatten wir eine Dartscheibe, auf die mein Mann und ich regelmäßig unsere Wurfpfeile abschossen und uns kleine Turniere lieferten. Jeder durfte drei Mal hintereinander werfen. Derjenige, der gerade nicht dran war, hatte Sepp auf dem Arm. Mal schaute er über die Schulter, mal wiegte man ihn auf dem Rücken liegend wie ein Baby. Bei jedem Spielerwechsel, also nach jedem dritten Wurf, wurde Sepp dem anderen übergeben, beziehungsweise übernommen. So ein Duell konnte schon mal eine halbe Stunde dauern. Jede andere Katze wäre bei diesem Hin und Her verrückt geworden. Sepp hingegen liebte es.

Unsere Urlaube waren sehr überschaubar. Wenn, dann schafften wir eine Woche Italien im Jahr. Am liebsten fuhr ich schon nach fünf bis sechs Tagen wieder heim wegen des Katers. Trotz zuverlässiger Urlaubsvertretung freute dieser sich bei unserem Heimkommen so sehr, dass er sich zwischen meinen Mann und mich ins Bett oder auf die Couch legte, um mit uns beiden gleichzeitig Körperkontakt haben zu können. Hatten wir gemeinsam unsere Hände auf ihm, schnurrte er höchstzufrieden und die Woche Abwesenheit war vergessen. Manche Katzen sind eingeschnappt, wenn ihre Dosenöffner nach einer Reise wieder auftauchen. Sepp war einfach nur froh. Sein Begrüßungsmiauen klang ein bisschen wie ‚Maaa-Maaa‘, was meinem Herz immer einen kleinen, bittersüßen Stich versetzte. Er liebte uns offenkundig und mich ganz besonders. Bei so mancher Schmusestunde hatte ich das Gefühl, mit ihm zu verschmelzen und spürte nicht mehr, wo ich aufhörte oder er anfing. Als wir einmal besonders versunken ineinander waren, sah ich vor meinem geistigen Auge, wie ich in einem großen Kochtopf mit einem langen Holzlöffel rührte, während er auf meinem buckligen Rücken saß.

Mit großer Vorliebe hielt sich Sepp in meinem Steinladen auf. Einmal, um mir nahe zu sein, doch auch, um sich in der Energie der Steine zu baden. Meine Kunden waren immer ganz begeistert von seiner imposanten Erscheinung und oftmals erstaunt, dass ich ihn rücklings in meinen Schoß setzen konnte wie ein kleines Kind, während ich die Kasse bediente. Kurz gesagt: Er war anhänglich, treu, souverän und unkompliziert.
Leider nahm ich die Geschenke dieses Katers mit solch einer Selbstverständlichkeit an, dass wir viel zu wenige Fotos von ihm (besonders in kuriosen Situationen) machten. Doch bin ich umso dankbarer, dass diese Bilder in meinem Herzen lebendig bleiben.
Gottlob folgten auf die – eingangs erwähnten – drei dynamischen Jahre dann doch drei ausgeglichenere. Der Traum und Plan vom eigenen Haus reifte in diesem verhältnismäßig erholsamen Zeitraum immer mehr heran. Da aber mein Mann und ich Macher sind und nicht nur Träumer, wollten wir eines Tages auch ernten, was wir geistig so reichlich gesät hatten. Die vielen Ideen und Möglichkeiten hatten unsere Hirne verlassen und wurden zu Papier gebracht. Wir waren uns sicher, jetzt wird gebaut!

Johnny war schon geraume Zeit ausgezogen, da wurde Opas marodes Haus ein für allemal dem Erdboden gleichgemacht. Dem Abbruch vorangehend zog eine leichte Wehmut in mir auf, hatte ich prägende Kindheitsjahre dort verbracht. Doch der objektive Blick auf die Schäden, die das Haus erlitten hatte, ließ gar keine andere Möglichkeit zu. Es war für unsere mittlerweile gestiegenen Bedürfnisse und Wünsche keine Option mehr. Vor fünfzig Jahren wurde es mit wenig Geld erbaut, mit einem quadratischen Grundriss, aufgeteilt in vier kleine Kästchen. Je nach abkömmlichen Finanzmitteln kam der ein oder andere Anbau hinzu. Da meine Oma keine Angst vor Experimenten hatte, glich die bauliche Aufteilung und Aneinanderreihung der Räume und Nebengebäude irgendwann einem verschachtelten Kabinett, mit Stufen und Treppen wie in der Pyramide von Numerobis, dem talentlosen Architekten aus Asterix und Obelix. Omas und Opas Lebenswerk war nun Geschichte und mein Mann und ich schrieben mit unserem modernen Bau ein neues Kapitel auf dem Grundstück, von dem ich sicher bin, dass es meinen Großeltern gefallen hätte.

Noch einmal gaben wir Gas, was das Zeug hielt. Neun Monate nach dem Aushub würden wir in unsere nagelneuen vier Wände einziehen. Auf einen Keller verzichteten wir aus unterschiedlichen Gründen, was eine große Auswirkung auf die zügige Fertigstellung hatte. Doch auch durch unser ausgiebiges Brainstorming vor der Bauphase konnten wir bei Bedarf ganz schnell Entscheidungen treffen, weil wir wussten, was wir wollten. Außerdem war mein Mann vom Fach, ebenfalls ein nicht zu unterschätzender Faktor.

Nachdem wir künftig einen Garten unser eigen nennen durften, sahen wir von einer umfangreichen Balkonkonstruktion ab und entschieden uns für die Variante des Französischen Balkons, jeweils für die dreiteiligen Fensterfronten an West- und Ostseite. Der Schlosser wurde bestellt, um die Gestaltung vor Ort zu besprechen. Da die Metallsprossen des Geländers relativ dicht beieinander standen, bat ich den Fachmann für Metallarbeiten, auf der rechten Seite unseres Schlafzimmerbalkons unbedingt eine Aussparung für unsere große Miezekatze anzufertigen, damit diese bequem über die Katzenleiter auf den kleinen Balkon wandeln konnte. Sepps Katerschädel war kapital, deswegen mein Ersuchen nach der vergrößerten Öffnung. Alles schien klar.

Die Balkone wurden vormittags geliefert und montiert, das Ergebnis wollten wir am Nachmittag in Augenschein nehmen. Ein Blick von mir genügte und ich dachte, ich sehe nicht recht. Der Durchschlupf war nicht rechts, wie besprochen, sondern links. Dort konnten wir aber die Leiter nicht anbringen. Umgehend rief ich den Handwerker an, um ihm mitzuteilen, dass er rechts und links vertauscht hatte.

Ach du Schande!

Treuherzig versicherte er uns, dass er sich schnellstens darum kümmern und einen zweiten Durchlass schaffen würde. Wir waren nicht kleinlich und es war uns egal, ob sich eine oder zwei Aussparungen am Balkon zu unserem Schlafzimmerfenster befanden. Prima, dachten wir, dann auf ein Neues.

Nach wenigen Tagen informierte uns der Schlosser, dass seine Berichtigung stattgefunden hätte. Also nix wie raus zur Baustelle. Wo war die Aussparung? Er hatte uns doch angerufen.

Wir sahen nur das ‚alte Loch‘ auf der falschen Seite, nämlich links. Rechts waren nach wie vor die normalen, durchgehenden Gitterstäbe vorhanden. Das durfte doch nicht wahr sein! Jetzt keimte ein übler Verdacht in mir auf und ich lief auf die östliche Seite des Hauses, zu Bebis Balkon. Tatsächlich hatte der Mann vom Fach nun sogar die Hausseiten vertauscht und nicht nur die Balkonseiten. Zwei falsche Durchbrüche an den falschen Balkonen: Sepp würde sich wohl oder übel krümmen müssen, denn wir hatten keinen Bock mehr auf weitere Lücken und offen gestanden hatten wir auch kein Vertrauen mehr in den Schlosser.

Ansonsten lief der Bau richtig gut. Sogar einen Raum für meinen Laden würde es geben, wenn auch um über die Hälfte kleiner als der bisherige. Im Dezember war fast alles fertig, und um Sepp schon mal an unser neues Domizil zu gewöhnen, nahmen wir ihn einige Male mit ins Haus. So konnte er vorab Zimmer für Zimmer inspizieren und sich Stück für Stück an die neue Umgebung gewöhnen, wodurch sich der Umzug hoffentlich unproblematisch gestalten würde.

Unser Kater war souverän wie immer. Mit einer Selbstverständlichkeit nahm er jeden Raum ein. Er schien zu wissen, dass er den Rest seiner zweiten Lebenshälfte hier verbringen würde.

Im Januar 2004 war es schließlich soweit.

Man konnte umsiedeln, zumindest unsere Tochter. Ein etwas chaotisch gestalteter Umzug war dafür verantwortlich, dass Bebi keine Möbel mehr in ihrem alten Zimmer hatte und im Wohnzimmer auf der Couch nächtigen, das wollte sie ebenfalls nicht. So durfte – beziehungsweise musste sie – das neue Daheim als erste, eine Woche vor uns, beziehen. Mit ihren fünfzehn Jahren war sie zwar fast flügge, aber ganz alleine, in einem sonst unbewohnten Neubau, fand sie doch ein wenig befremdlich. Folglich gaben wir ihr als Verstärkung ihren pelzigen Bruder Sepp mit, was sich als überaus wertvoll erwies. Abends fuhr ich die beiden zum Haus, wo sie die Nacht gemeinsam verbrachten. Bebi marschierte morgens zum Schulbus und ich holte den Kater gegen acht Uhr wieder mit dem Auto ab in unser altes Zuhause. Im neuen Haus wollte ich ihn nicht lassen, da er sonst den ganzen Tag hätte drinnen bleiben müssen. Nach acht Tagen konnten endlich auch Zwerg und ich umziehen. Nun waren wir wieder komplett, zur Freude aller.

Die ersten Tage machte Sepp kaum Anstalten, sein neues Quartier zu verlassen. Erstens genoss er die Zeit mit seiner Familie, zweitens war es saukalt. Das fand er ebenfalls nicht so verlockend. Doch ein Freigänger bleibt ein Freigänger. Mit seinen elf Jahren war er erfahren und wir ließen ihn raus. Die Katzenleiter war noch nicht angebracht, also sahen wir immer zur Terrassentüre, ob er von seinen – anfänglich kleinen – Runden genug hatte. Auf Zuruf kam er in kürzester Zeit angelaufen und alles klappte wunderbar.
Doch eines Abends kam er nicht. Unsere Blicke galten ausschließlich der Terrassentür. Zehn Minuten vergingen. Zwanzig Minuten verstrichen. Durch die Scheibe sahen wir dicke Schneeflocken, die ohne Pause zu Boden rieselten. Kein Sepp in Sicht. Eine halbe Stunde war vorüber. Nach einer dreiviertel Stunde war er immer noch nicht aufgetaucht. Die Zeit schwand und unsere Sorgen wuchsen. Bebi fing an zu weinen. Ich zog mich warm an und schnappte mir eine Taschenlampe. Stockdunkel war es, Garten und Wege schneebedeckt, als ich die Umgebung absuchte, fortwährend seinen Namen rufend. Um den an unser Grundstück angrenzenden Nachbarn nicht zu erschrecken, da ich in der Nacht mit der Lampe wie ein Verbrecher um sein Haus schlich, klingelte ich und erklärte ihm den Sachverhalt. Verständnisvoll nickte er und fragte, ob die Katze noch

klein wäre, was ich grinsend verneinte. Mit seiner Erlaubnis leuchtete ich auf dem Grundstück weiter alle Ecken aus.

Da! Ein aufgerissenes Augenpaar reflektierte im Lichtkegel! Sepp!

Er reagierte sofort auf meine Stimme und antwortete mit einem laut tönenden ‚Maahaau‘. Zwischen Haus und Anbau hatte er sich auf einem überdachten Holzstapel niedergelassen. Vermutlich fand er die dreißig Meter nicht mehr nach Hause, weil alles zugeschneit war, und unsere Rufe nach ihm verschluckte die dicke Schneedecke. Postwendend sprang er mir entgegen mit den unausgesprochenen Worten: „Wo warst du denn so lange?" Gemeinsam und glückselig machten wir uns auf den kurzen Heimweg, nicht ohne dem Nachbarn Bescheid zu sagen, dass ich den Vermissten aufgespürt hatte.

Der Winter ging und der Frühling kam. Ein wunderbares Gefühl, diese Jahreszeit zum ersten Mal in der eigenen Heimstätte – Garten inklusive – zu verbringen. Bis jetzt ließen wir Sepp immer noch über die Terrassentür ein und aus. Seine Katzenleiter hatten wir wegen des Schnees beharrlich ignoriert, denn er hätte sowieso nur über die geöffnete Balkontüre ins Haus kommen können, die jedoch geschlossen blieb, weil es so kalt war. Nun stiegen die Temperaturen und wir ließen nachts die Balkontür wieder offen. Still und leise fristete die Katzenleiter ihr arbeitsloses Dasein an der Rückseite des Hauses.

Eines schönen Frühlingsmorgens weckte mich ein eindringliches Miauen. Je nachdem, wie hungrig der Kater war, konnte er seine Lautstärke dem Loch in seinem Magen anpassen. Dem ausdrucksvollen Geschrei nach war das Loch riesig und er befand sich kurz vor dem grausamen Hungertod. Mein empfindsames Gehör ließ mich aus dem Bett schnellen, um Sepp von seinen hungrigen Qualen zu erlösen.

Nanu? Wo war er denn?

Ich hörte ihn nach wie vor, doch er war weder im Zimmer noch im Flur. Da warf ich einen Blick aus dem Fenster und erspähte den Buben zu meiner großen Überraschung unten auf der Terrasse! Umgehend wollte dieser eingelassen werden. Ich fragte meinen Mann, der noch im Bett lag, ob er Sepp heute denn schon rausgelassen hätte? Schlaftrunken verneinte er. Offensichtlich hatte unser Kater sich zu einem beherzten Sprung aus dem ersten Stock entschlossen, trotz der eng beieinander stehenden Metallstreben des Balkons! Das schöne Wetter war einfach zu einladend und er konnte nicht widerstehen. Heißhungrig kehrte er von seinem Ausflug zurück und machte mir mit seinem Katzengejammer Beine. Unverzüglich sauste ich die Treppe hinunter, um den Fressnapf zu füllen und den Not leidenden Herrn im Haus zu empfangen. Gierig vertilgte er seine Portion und verlangte prompt Nachschlag.

Noch am selben Tag montierten wir die Leiter und Sepp benutzte sie wie in alten Zeiten. Seinen dicken Kopf zwängte er in leichter Schräglage durch die Sprossen.

Im Frühsommer hielt ich mit meiner Nachbarin Frau Weber einen kleinen Plausch in ihrem Garten. Ich bestaunte ihre frisch geharkten Beete, in denen alles angepflanzt wurde, was man sich nur vorstellen kann. Neidlos erkannte ich Frau Webers grünen Daumen an. Dieser war gepaart mit unendlichem Fleiß und Liebe zur Natur. Da erschien mein Kater auf der Bildfläche. Er hatte meine Stimme vernommen und wollte sich unserer Unterhaltung anschließen – meinte ich. Von der Einfahrt bis zu unserem Standpunkt waren es an die fünfzehn Meter und es schien, als wolle Sepp schnurstracks auf uns zugehen. Mit Stolz geschwellter Brust stellte ich meiner freundlichen Nachbarin unseren Wonneproppen nun endlich persönlich vor. Bisher hatte sie ihn nur von weitem wahrgenommen. Eifrig rühmte ich meinen Liebling, wie toll er sich eingelebt hatte, wie gut erzogen er war und so fort. So viel Lob ich eben auf fünfzehn Meter Distanz unterbrachte. Leider konnte ich die letzten fünf Meter nicht mehr kommentieren. Sepp bog kurzfristig ab, setzte sich in Frau Webers Erdbeerbeet und machte ohne Umschweife ein prächtiges Wursti hinein. Obwohl ich laut schimpfte, konnte ich dieses Blitzgeschäft nicht mehr verhindern. Was für eine Blamage!
Die gute Frau nahm es mit Humor. Noch heute lachen wir herzhaft über diese Episode.

Die Wurstis kamen ja nicht von ungefähr. Ordnungsgemäße Mahlzeiten waren ihm überaus wichtig. Er war groß und er verspeiste viel. Wählerisch war er indessen nicht. Von klein an gewöhnte ich ihn an eine günstige Marke, die er gut vertrug. Milch bekam er nie, die (normale Kuhmilch) ist für Katzen ohnehin ungeeignet. Mit Sepp war ich ziemlich streng, was die Bettelei betraf. Deshalb tat er es nicht. Zu Weihnachten und an wenigen anderen Festtagen bekam er besondere Leckereien wie etwas Rindfleisch oder selten eine Dose Luxusfutter.

Wenn ich an unsere jetzigen Katzentiere denke, ist es ein Frevel, dass ich diesen wundervollen Weggenossen so selten in den Genuss von Köstlichkeiten kommen ließ. Sepp war ein Meisterkater und so sehr wir unsere gegenwärtigen Katzen lieben, im Vergleich zu ihm sind und bleiben sie Lehrlinge oder bestenfalls Gesellen. Dafür werden diese Auszubildenden von uns echt verzogen. Als Katzeneltern sind wir wohl altersmilde geworden. Das Luxusfutter, das Sepp mal an Weihnachten bekam, gehört jetzt mit zum Standard, und das für mehrere Exemplare. Da unsere jetzigen Mivies (Abkürzung von Mistviecher) spezielle Vorlieben und dementsprechend auch Abneigungen haben, bin ich dazu übergegangen, von fast allen Marken zu kaufen – besonders, wenn es gerade Angebote gibt. So wird immer durchgewechselt und für jedes Mivie ist meist das Lieblingsfutter dabei.

Davon konnte Sepp nur träumen. Obwohl, mit fortschreitendem Alter erhaschte er vermehrt den einen oder anderen Leckerbissen. Das lag unter anderem an Muckel.

Insgesamt sind wir von vier Nachbarn umgeben. Zwei grenzen unmittelbar an uns, Zaun an Zaun, von den anderen beiden sind wir durch eine kleine Straße getrennt. Von den direkten, östlichen Nachbarn Weber war ja schon die Rede, als Sepp im Schnee nicht nach Hause fand und auch die blamable Wurstgeschichte trug sich dort zu.

Jetzt zogen die westlichen, durch die Straße getrennten Nachbarn weg. Wir hatten nicht viel miteinander zu tun, ein angenehmes, neutrales Verhältnis. Doch wer würde als Nachfolger herkommen? Wieder betete ich und dieses Mal formulierte ich meine Bitte sehr gründlich und genau. Was soll ich sagen?

Auf meine sorgsame Bestellung folgte eine zuverlässige Lieferung. Danke an oben!

Ein wundervolles Ehepaar, Martha und Jurek, mit dem weißen Kater Muckel im Gefolge kaufte das Nachbarhäuschen und ließ sich dort nieder. Aus dieser Nachbarschaft entwickelte sich eine fabelhafte Freundschaft, die uns bis heute verbindet. Wir entdeckten Gemeinsamkeiten wie zum Beispiel die Übereinstimmung unserer Sternzeichen. Beide Männer

Widder und beide Frauen Jungfrau, immer im Abstand von sieben Tagen! Auch die Liebe zu den Tieren verband uns augenblicklich. Jederzeit konnten wir gegenseitig unsere Kater bei Abwesenheit versorgen. Durch diesen engen Kontakt kam unser Sepp ab und zu in den Genuss von delikateren Katzenfuttermarken, als wir sie ihm üblicherweise vorsetzten. Muckel war ein paar Jahre jünger als unser Prachtexemplar und auch nicht so groß und verfressen wie dieser. Er begnügte sich mit maximal zwei Döschen täglich, während sich Sepp an guten Tagen bis zu acht(!) Beutel rein schaufelte, zuzüglich Trockenfutter. Durch Sepps körperliche Überlegenheit klärten sich die Fronten recht schnell, was Muckel ohne Weiteres akzeptierte. Unser Revierchef herrschte ganz selbstverständlich in (Muckels und) seinem Reich. So nahm er an manchen Tagen das Haus von Martha und Jurek als sein eigenes wahr, indem er ungeniert die nachbarliche Katzenklappe benutzte und Muckels leckeres Essen fraß, um sich danach seelenruhig in Marthas Bett für ein Verdauungsschläfchen zu legen. Frechheit siegt.

Sehr selten war er zuhause dreist. Doch einmal sprang er aus Neugier auf die Arbeitsplatte in der Küche. In nur zwei Metern Entfernung saß ich am Esstisch, bemerkte den unartigen Katzenmann und rügte ihn sofort, zugegeben eine Spur zu laut.
Sepp erschrak, sprang jäh zu Boden, wobei er sich bei der Landung leider sein linkes Bein unglücklich verdrehte. Deutlich jammerte er und dazu lahmte er hochgradig. Auweia! Unser armes, bedauernswertes Katerchen! Die Tierärztin kam ins Haus und untersuchte ihn. Gebrochen war nichts, aber eine böse Zerrung hatte unser Herzchen. Homöopathisch unterstützt kümmerten wir uns aufopferungsvoll um unser havariertes Familienmitglied. Selbstredend wurde er die Treppe hinaufgetragen, in jedes Stockwerk wurde ein Katzenklo gestellt und gefüttert wurde er, wo und wann es ihn gelüstete. An seinen strategisch wichtigen Punkten wie Couch, Eckbank oder Bett stellte ich Aufstiegshilfen in Form von kleinen Kisten oder ähnlichem auf, weil er ja nicht springen konnte. In unserem Bett, in das er von uns hineingelegt wurde, beanspruchte er einen guten Quadratmeter. Wenn man mit dem Fuß zu nahe an seine lädierte Gliedmaße kam, maunzte er herzzerreißend auf. So manche Nacht verbrachte ich in unbequemer Stellung, nur damit er schmerzarm schlafen konnte. Gerne versklavten wir uns für Sepp.

Die Heilung schritt relativ langsam voran, worüber ich mich sehr wunderte. Eines Tages fiel mir auf, dass er mit der rechten Extremität hinkte und nicht mehr mit der linken! Erst dachte ich, ich hätte mich getäuscht und die Seiten verwechselt, doch weit gefehlt. Es kam tatsächlich noch besser. Unter Beobachtung humpelte Sepp gnadenlos – doch fühlte er sich unbemerkt, lief er vollkommen normal! Unser gehbehinderter Käptn Ahab, der Kapitän mit Holzbein, der Jagd auf Moby Dick machte, gab eine grandiose Theatervorstellung. Er verarschte uns nach Strich und Faden. Nur vertauschte er schon mal das rechte mit dem linken Beinchen. Das Verwöhnprogramm schien er so zu genießen, dass er einfach weiter auf Händen getragen werden wollte. Mir waren solche Schauspieler bisher nur unter Hunden, wie Dackeln oder Pudeln, bekannt. Was für eine Überraschung, mit der Sepp uns in heiteres Erstaunen versetzte. Nachdem wir seinem Humpeln keine Aufmerksamkeit mehr schenkten, ließ er es bald ganz bleiben. An Liebe sparten wir trotzdem nicht.

Wie einst schon unser schwarzer Kater Waschti brachte Sepp auch eines Tages Besuch mit. Ein junges, getigertes Katzenmädchen folgte dem großen Kater sehr interessiert in Garten und Haus. Es dauerte nicht lange, bis wir die kleine Dame zuordnen konnten. Sie gehörte den Webers. Sepp und Mira spielten eine Weile miteinander, sie sehr übermütig, wie junge Kätzchen eben sind, er eher bedächtig, wie es sich für ältere Herren gehört. Danach legten sie sich zusammen auf unsere Couch oder gar ins Bett. Abgesehen davon, dass unsere Nachbarn Mira selbstverständlich daheim wissen wollten, merkte auch unser Sepp, dass es mit sechzehn Katzenjahren einfach zu anstrengend geworden war, die Zeit mit solchen aktiven, halbwüchsigen Mädels zu verbringen. Langsam kam er ins Rentenalter. Das war wiederum der quirligen Mira auf Dauer zu langweilig und die beiden stellten ihre Rendezvous' ein.

Der Kater war ziemlich lange körperlich fit, doch um sein siebzehntes Lebensjahr ertaubte er. Anfangs bemerkten wir das gar nicht, was mehrere Ursachen hatte. Erstens dreht eine Katze nicht automatisch ihren Kopf, wenn man sie ruft, denn mal hat sie Lust und mal hat sie keine. Diesem Verhalten misst man zunächst keine allzu große Bedeutung bei. Dann erkrankte ich sehr schwer, worunter meine Beobachtungsfähigkeit massiv litt, denn ich hatte einfach zu viel mit mir selbst zu tun. Eine Herzmuskelentzündung hatte mich ausgeknockt. Für die andauernde Überstrapazierung von Körper und Seele musste ich bitteren Tribut zollen. Bis ich wieder annähernd gesund war, dauerte es ein dreiviertel Jahr. In diesem Zeitraum litt Sepp zweifellos mit mir. Vielleicht stellte er sein Gehör ein, weil ich so lange nicht auf meine innere Stimme gehört hatte....

Als unverbesserlicher Optimist schaffte ich es, sogar diesem Umstand noch manch Positives abzugewinnen. Endlich konnte man staubsaugen, ohne dass Sepp vor dem lauten Ungetüm floh. Auch die Silvesterknallerei stellte nun für ihn kein Problem mehr dar. Sogar die Fußballweltmeisterschaft 2010 mit dem lauten Tuten der Vuvuzelas war stressfrei, denn für eine taube Katze ist das vollkommen belanglos.

Doch draußen war es gefährlich. Sepp hörte ja auch die Autos nicht mehr, nicht einmal ein lautes Hupen! Gott sei Dank wohnen wir in einem sehr ruhigen Viertel, tierliebe Anwohner inbegriffen. Mit diesen setzte ich mich in Verbindung und klärte sie über Sepps Behinderung auf. Alle reagierten verständnisvoll und entgegenkommend, worüber ich sehr erleichtert war. Ich weiß gar nicht mehr, wie oft unser südlicher Nachbar den asphaltgrauen Sepp von der Straße klaubte, da dieser es sehr genoss, an lauen Sommerabenden vollkommen entspannt auf der warmen Teerdecke zu liegen – direkt vor Herrn Schröders Einfahrt. Der Kater blieb in einer Seelenruhe liegen und wartete tatsächlich, bis Schröder ausstieg, ihn einsammelte und die fünf Meter zu unserem Grundstück trug, um ihn dort vor unserer Türe abzulegen. Unfassbar!

Martha zog Sepp sogar einmal unter einem großen Müllauto heraus, mit dem gerade die Tonnen geleert wurden. Zufällig hatte unsere aufmerksame Nachbarin mitbekommen, wie Sepp kurzerhand darunter tigerte und sich einfach dort ablegte. Ohne Martha wäre er mit Sicherheit überfahren worden! Am liebsten hätte ich der tauben Nuss ein orangefarbenes Warnwestchen angezogen mit einem großen durchgestrichenen Ohr darauf.
Von der Straße aufgestanden wäre Sepp damit aber auch nicht.

Mit der Zeit verfiel der stattliche Kater – gemächlich, aber unaufhaltsam – wie es jedem Lebewesen geht, das alt und älter wird. Sein Gang wurde steifer, eine Altersarthrose plagte ihn. Sein Gewicht wurde weniger, die ihm sonst so bedeutsamen Mahlzeiten hatten ihren Stellenwert verloren. Mit einer Ausnahme: Grillen! Sobald wir unseren Gasgrill anheizten, war es aus mit der Ruhe. Er stolzierte (nicht nur für uns) ohrenbetäubend laut maunzend um die Feuerstätte und gab nicht auf, bis er endlich etwas vom gebratenen Grillgut abbekam. Mit zunehmendem Alter verabschiedeten sich auch seine Geschmacksknospen. Aus diesem Grund fand er gewürztes Fleisch fantastisch. Normalerweise ist das keine Option für eine Katze. Im Hinblick auf Alter und Umstände machten wir jedoch Ausnahmen. Er hatte schon immer ein deutlich vernehmbares Organ, doch mit seinem Gehörverlust, also ohne Rückkopplung, wurde seine Stimme um etliche Dezibel lauter. Weder nahm er sein eigenes Geplärr wahr, noch das unsere, wenn wir versuchten ihm zu vermitteln, er solle seine Klappe halten. Aus so manchem Sonntagsnachmittagsschlaf riss uns seine durchdringende Stimme jäh heraus. Früher konnten wir ‚Pscht‘ machen. Das nutzte jetzt leider nichts mehr. Auch morgens schrie er uns oftmals aus dem Bett, wenn er Hunger hatte, worauf ich mit ihm in die Küche ging, um festzustellen, dass sein Napf noch vom Vorabend voll war. Er hatte einfach keine Lust, mit seinen alten Knochen die Treppe hinunter zu staksen, um gegebenenfalls festzustellen, dass der Napf leer war. Besser war es, gleich jemanden vom Personal mitzunehmen, dann musste er die Treppe nicht noch einmal hinauf.

Lustig ist anders. Beim Telefonieren gab er keine Ruhe. Er konnte so laut zetern und nölen, dass ich ihn im Flur zurück ließ, die Türe vom Büro hinter mir zumachte und die Person am anderen Ende der Leitung mich fragte, ob ich ein kleines schreiendes Kind hätte…
Ja, der Kater schrie so erbärmlich, dass ich Besuch oder Kunden vorwarnte. Wenn man es nicht mit eigenen Ohren gehört hatte, man konnte es kaum glauben. Ohne – aber manchmal auch trotz – Vorwarnung erschraken die Leute bis ins Mark. Sie meinten immer, sie wären Sepp auf den Schwanz getreten und er hätte einen lauten Schmerzensschrei ausgestoßen. Dabei begrüßte er die Menschen nur freundlich, allerdings in einer für Katzen sehr ungewohnten Lautstärke und mitunter unerträglichen Frequenz.

Auch wenn er nicht mehr der Jüngste war: Streitigkeiten ging er nicht aus dem Weg. Es war Sommer, die Terrassentüre war zum Lüften weit geöffnet, während ich geschäftig im Haus herumwurschtelte. Plötzlich vernahm ich ein bedrohlich klingendes Grollen. Schnell lokalisierte ich das Geräusch und eilte ins Wohnzimmer, wo sich mir folgender Anblick bot. Sepp und ein fremder Kater standen sich in der offenen Terrassentür gegenüber wie zwei Kampfhähne, die sich aufs Übelste anknurrten und dazu laut fauchten. Sepp hörte natürlich weder seinen (um einiges jüngeren) Konkurrenten, noch mich, die hinter ihm stand. Geistesgegenwärtig klatschte ich laut in die Hände und vertrieb den Gegenspieler mit einem ,Kschkschksch', worauf dieser augenblicklich das Weite suchte. Majestätisch drehte sich mein Kater um und als er mich erspähte, blickte er mich selbstbewusst an, als ob er sagen wollte:
„Na, da kannst du mal sehen!".
Das war dann doch wieder amüsant, wie Sepp sich in seiner vermeintlichen Überlegenheit badete, weil er davon überzeugt war, den jungen Rivalen selbst in die Flucht geschlagen zu haben.

Sehr unangenehm hingegen war Sepps Mundgeruch. Man hätte freilich den Zahnstein entfernen können, doch ich hatte zu große Angst, dass er in seinem hohen Alter die Narkose nicht überlebt. Meine Schwester kam einmal in den vollen Genuss dieses ekligen Miefs, als sie mich ein paar Stunden in meinem Geschäft vertrat. Am Abend berichtete Ela mir telefonisch, dass Sepp in einer Tour am Quaken war, und das über mehrere Stunden! Sie meinte, der ganze Laden hätte danach gestunken – und das trotz des Abbrennens von vielen Räucherstäbchen.

Als ob dieses Geruchserlebnis für meine Schwester nicht schon genug gewesen wäre, brummte ich ihr noch ein solches Erlebnis auf, selbstverständlich ohne Absicht.
Sie war bei mir zu Besuch und es war ausgemacht, dass ich sie nach Hause fahren sollte. Miriam, eine langjährige Kundin kam zufällig dazu. Da ich jegliche ,Metzgerfahrten' zu vermeiden suche, erkannte ich die Gunst der Stunde und fragte Miriam, ob sie Ela mitnehmen könne, da deren Ziel auf dem direkten Weg von Miriam lag. Beide Frauen waren einverstanden. Man muss dazu sagen, es handelte sich lediglich um drei Kilometer.

Was ich nicht bedachte: Miriam hatte vier Hunde! Keine kleinen, niedlichen, gepflegten Schoßhündchen, sondern vier Riesenköter, die sie hinten in ihrem großen, innen zur Fahrerkabine offenen, Transporter ablegte. Vorher hatte sie eine ausgiebige Runde mit ihren Tölen gedreht, herbstliche Matsch- und Wasserspiele inbegriffen. Die warmen, feuchten Hundeleiber verdampften nach Aussage meiner Schwester einen derartig ranzigen Gestank im Fahrzeug, dass man es sich gar nicht vorstellen mag. Obwohl es nur drei Kilometer waren, rang sie auf dieser Fahrt nach Luft. Sie konnte leider ihren Kopf nicht aus dem Fenster strecken, da dieses auf Miriams Geheiß nicht geöffnet werden durfte, damit die morchelnden, sabbernden Monster keinen Zug bekamen!

Ela hatte selbst sechzehn Jahre einen großen Hund, einen Rottweiler-Bernhardiner Mischling, der ebenfalls nicht immer fein duftete. Doch die massive Geruchsbelästigung durch die vier pestilenzisch stinkenden Kläffer von Miriam wurde durch nichts mehr übertroffen.

Sorry Schwester… und sorry Miriam für die Diffamierung deiner geliebten Hunde.

Zurück zu Sepps undefinierbarer Ausdünstung, denn da war ja noch die rätselhafte Sache mit den Wühlmäusen. Der Kater hatte nie große Jagdambitionen. Die bisher von ihm gemeuchelten Tierchen konnte man an einer Hand abzählen. Doch in seinem letzten halben Lebensjahr fanden wir morgens immer öfter tote Wühlmäuse im Garten. Die Nager waren nass, zerzaust und sahen ziemlich unappetitlich aus. Normalerweise war Sepp bei schlechtem Wetter nicht unterwegs. Er war immer sauber und reinlich gewesen und auf einmal änderte er seine Meinung. Man muss sich das mal vorstellen. Dieser ältliche, arthritische Katzenknacker eiert nachts im Regen durch den Garten und trifft auf eine Wühlmaus!

Unsere Vermutung war, dass er die Viecherl mit seinem abscheulichen Mundgeruch umgebracht haben musste, da sein Gebiss mehr Lücken als Zähne zeigte. Nur noch ein einsamer Fangzahn steckte in seiner oberen Kauleiste.

Außerdem: Wer sollte uns sonst tote Mäuse in den Garten legen?

Bis heute ist dieses Rätsel nicht gelöst.

Ja, in der Tat war Sepp – dieser unerschütterliche und zuverlässige Kamerad – ein Familienmitglied, ja fast wie ein Kind für uns. Natürlich hatte er nicht denselben Stellenwert wie unsere Tochter, doch sie zog aus und er blieb.

Beinahe zwei Jahrzehnte begleitete er uns treu – vom kleinen Babysepperle, über den majestätischen Kater bis zum Katzenopa. Alle Stadien dieses außergewöhnlichen Wesens durften wir miterleben.

Danke Sepp.

16 – Abschied von Sepp

Der erst schleichende Prozess der Alterung wurde nun immer rasanter. Man könnte sagen, dass die Abschnitte – drei Jahre, drei Monate, drei Wochen und drei Tage – mit dementsprechenden Schüben einhergingen. Im Nachhinein kommt es mir so vor, als ob Sepp seine Gebrechen fast zelebrierte, um uns den Abschied zu vereinfachen. Ein tauber, plärrender und stinkender neunzehnjähriger Kater macht es einem leichter, loszulassen, als ein aus dem Ei gepellter Jungspund.

Seine letzten drei Tage brachen an…
Es war ein heißer Septembertag, als ich vom Einkaufen nach Hause kam. Da sah ich Sepp apathisch in der prallen Sonne vor der Terrassentür liegen. Auf mein Erscheinen reagierte er nicht. Ruhelos sperrte ich die Haustüre auf, stellte die Einkäufe achtlos ab und eilte zu meinem Kater. Behutsam nahm ich ihn hoch und ging mit ihm ins kühle Wohnzimmer, wo ich mich mit ihm auf meinem Arm auf die Couch setzte. Nie wieder würden wir so zusammen sitzen. Es war das allerletzte Mal. Früher hatte er das Schmusen so geliebt und genossen, unsere Hände, die seinen kräftigen Körper massierten. Jetzt waren ihm feste Berührungen unangenehm. Dieses dürre, mit Pelz überzogene Gestell war hochsensibel geworden. Obwohl ich ihn ganz zart hielt, wand er sich nach zehn Minuten aus meiner Umarmung. Ich setzte ihn auf den Boden und er wankte im Seemannsgang aus dem Zimmer. Von dort aus schaffte er es noch die Treppe hinauf in den ersten Stock. Im gegenüberliegenden Badezimmer ließ er sich auf dem Vorlegeteppich nieder.

Ich war einer Panik nahe.
Mir war klar, dass der Abschied vor der Tür stand. Es gab kein Zurück mehr. Was sollte ich jetzt tun?
Einschläfern? Warten?

Zuerst rief ich meine Tierärztin Maria an. Mist, sie war nicht da. Deswegen sprach ich hektisch auf ihr Band. Dann telefonierte ich mit meinem Mann, der sich umgehend auf den Heimweg machte.

Langsam beruhigte ich mich wieder etwas. Als Zwerg zuhause war, beratschlagten wir uns. Da rief auch schon Maria zurück. Sie würde in der nächsten halben Stunde vorbeikommen. Im ersten Moment dachte ich, Einschläfern wäre die beste, weil vermeintlich schonendste Lösung. Selbstredend wollte ich nicht, dass Sepp Schmerzen hatte oder sich quälte. Doch mein Mann war gegen ein unnatürliches Ende, wofür ich ihm heute noch dankbar bin. Als Maria eintraf, einigten wir uns darauf, dass Sepp eine schmerzlindernde, entkrampfende Injektion bekommen sollte. Die Spritze würde ihm etwas Erleichterung bringen. Das fühlte sich tröstlich an. Auch Bachblüten gab ich unserem Liebling, die er gerne annahm.

Im Übrigen ist diese Beschreibung meine vollkommen persönliche Sicht. Jeder Sterbeprozess läuft anders ab und muss individuell betrachtet werden und im Zusammenhang damit muss auch eine individuelle Entscheidung getroffen werden.

Im Bad richtete ich es Sepp bequem her. Eine weiche Unterlage wurde bereitet, Wasser in einem kleinen Eimer hingestellt, denn er konnte im Stehen leichter trinken, und eine frische Toilette befand sich im Raum. Bis zum Schluss benutzte er diese. Immer wieder sah ich nach ihm, bemerkte aber schnell, ob er es bevorzugte, allein zu sein. Man muss nicht zwingend die ganze Zeit mit einem sterbenden Tier (oder auch Menschen) verbringen. Auch das ist von Fall zu Fall unterschiedlich. Manche Wesen können gar erst gehen, wenn niemand dabei ist.
Eine gute Freundin von mir, Angela, war ‚schamanisch‘ unterwegs. Wir standen uns sehr nahe, besonders wenn es um Katzen ging. Mein Gefühl sagte mir, dass Sepp außer der Spritze auf der materiellen Ebene auch Beistand auf der nicht fassbaren Ebene benötigte. Ich betete für meinen Kater, doch zusätzlich bat ich Angela, ob sie vorbeikommen könnte, um Sepps Übertritt ins andere Reich mit einem schamanischen Zeremoniell zu unterstützen. Unverzüglich willigte sie ein und sicherte uns ihren Beistand zu. Noch am selben Abend stand sie vor der Tür, bepackt mit ihren Utensilien, die sie für das Ritual brauchte.
Es war eine sehr andächtige und feierliche Stimmung, die ich nicht in allen Einzelheiten schildern möchte, eben weil es so intim war und auch bleiben soll.

Jedenfalls wurde Sepp ganz ruhig und entspannt. Er spazierte im Bad einmal auf und ab, und zwar über die schamanischen Hilfsmittel, was ich besonders interessant fand. Angela versicherte mir, dass Sepp nun alles hätte, was er für den Übergang brauche, und er den Zeitpunkt selbst bestimmen würde. Das konnte ich gut akzeptieren.

Die Nacht verlief sehr ruhig.

Am darauf folgenden Tag kamen Verwandte und Freunde, um sich von dieser großen Katzenseele zu verabschieden. Unterdessen war Sepp von selbst in Bebis ehemaliges Zimmer umgezogen. Er hielt diesen Raum doch für würdiger, um Besuch zu empfangen, als das Bad.

Meine Schwester, mein Schwager, Martha und Jurek, alle machten ihre letzte Aufwartung. Am Abend kam unsere Tochter. Sie war bereits vor einem Jahr nach München gezogen, wo sie auch arbeitete. Nach Dienstschluss setzte sie sich unverzüglich ins Auto, um Sepp noch einmal zu sehen. Bebi, Sepp und ich verbrachten etwa eine Stunde gemeinsam in dem Zimmer. Die Atmosphäre war traurig, herzbewegend, dennoch gelassen. Während wir noch auf der Couch saßen, sagte ich zu ihr, sie müsse jetzt nach Hause fahren. Es war schon ziemlich spät und ich wusste, dass sie am nächsten Tag Frühschicht hatte. Genau in diesem Moment stand Sepp unvermittelt auf, ging zur Tür und wankte den Flur entlang, wohin wir ihm folgten. In der Mitte des Gangs blieb er an der Treppe stehen und sah uns abwechselnd direkt in die Augen. Bebi weinte und nahm bewusst wahr, dass dies der letzte Kontakt mit dem geliebten Haustier war. Als sie mit gesenktem Kopf die Stufen hinunterging, setzte Sepp seinen Weg in unser Schlafzimmer fort. Alle, die ihm wichtig waren, hatten Lebewohl gesagt. Der Prozess war fast vollendet. Im Schlafzimmer legte er sich hinter ein Schränkchen.

Bald darauf gingen auch mein Mann und ich zu Bett. Sepp stand noch einmal auf, guckte kurz hinter dem Schränkchen hervor, vergewisserte sich, dass wir beide anwesend waren und maunzte kurz. Dann legte er sich wieder hin.

Auch wir legten uns schlafen. Es war schon sehr spät und wir waren total erschöpft.

Am nächsten Morgen war er tot.

Ein Korb wurde vorbereitet, ausgepolstert mit seiner Decke. Mein Mann nahm bedächtig Sepps sterbliche Hülle und legte sie in den Korb. Es war wirklich nur noch eine Hülle. Der einst so gewaltige Körper war federleicht geworden. Seine Augen waren offen und glänzten zu unserer Verwunderung immer noch. Auch sein Fell fühlte sich ganz seidig an. Wir bedeckten seinen Leichnam mit einem weißen Tuch, nahmen Sepp samt Behältnis mit nach unten und stellten ihn zu uns ins Esszimmer. Für manchen mag es makaber klingen, aber wir bereiteten das Frühstück, setzten uns an den Tisch und erzählten Anekdoten über unseren hochgeschätzten Kater. Das ein oder andere Tränchen floss über unsere Wangen.

Wir waren traurig, dass er gehen musste, gleichzeitig glücklich, dass er auf diese Art und Weise gehen durfte.
Für mich war das ein Sterbeprozess wie im Bilderbuch.
Im Garten haben wir ein so genanntes ‚Marterl‘, einen Bildstock, in dem sich eine Statue der Mutter Gottes befindet. Davor haben Sepps Gebeine ihre letzte Ruhestätte gefunden.
Mit seiner Seele hatte und habe ich weiterhin Kontakt.

Wenige Wochen nach seinem Tod hielt ich Sepp in meinen Armen. Wir lagen im Bett und schmusten zusammen wie immer. Es war wunderschön, die kräftigen Beine zu spüren, angeschmiegt an seinen pelzigen Körper und sein heimeliges Schnurren zu vernehmen. Unvermutet löste er sich aus meiner Liebkosung, stand auf, sprang aus dem Bett und ging zur Balkontür. Natürlich krabbelte ich auch aus dem Bett, denn ich wollte wissen, wohin der Kater wollte.

Doch Sepp war verschwunden.

Ich blickte durchs Fenster und sah draußen die Umrisse von zwei Katzen. Da erwachte ich aus meinem Traum.

Gut, dass ich noch nichts von der stürmischen Katzenodyssee ahnte, auf die ich mich bald begeben würde.

17 – Die Zahl neunzehn:
Für Erkenntnisse ist es nie zu spät

Neunzehn Jahre wurde unser Kater alt.
Mit neunzehn lernte ich meinen Mann kennen und an einem neunzehnten verlobten wir uns.

Mein Geschäft führte ich nunmehr seit neunzehn Jahren.
Beinahe zwei Jahrzehnte! Jetzt war es genug!

Während dieses Schreibprozesses reiht sich Erkenntnis an Erkenntnis. Ich kann jedem nur raten, sein Leben schriftlich festzuhalten, und wenn es erst einmal nur Stichpunkte sind. Vieles wird einem klar. Schreiben, denken, sich erinnern, bei den Beteiligten nachhaken, sich vergewissern, Dinge aussprechen, beim Namen nennen. Über die Aufklärung der Vergangenheit können sich wertvolle Lösungen in der Gegenwart ergeben und damit auch eine neue Zukunft. Natürlich werden auch Fragen aufgeworfen, die man sich vorher nie gestellt hat. Sicher ist jedoch, dass man dadurch nachreift. Zumindest ist das meine Erfahrung.

Es ist ein detektivischer Entwicklungsgang ähnlich einer homöopathischen Mittelfindung.
Zu einer tieferen Auseinandersetzung mit der Homöopathie kam ich wie die Jungfrau zum Kind. Mit unserem Pferd Paddy hatte ich bereits Erfahrungen gemacht, ebenso unsere Familie mit Heilpraktikern. Doch ich nahm oder gab nur das, was mir eine homöopathische Fachfrau oder ein Fachmann riet. Daran ist auch nichts auszusetzen. Im Gegenteil, das ist sogar äußerst ratsam. Sicher war nur, ich wusste um unterschiedliche Mittel in Form von Globuli, und dass es hohe und niedrige Potenzen gab. Nicht mehr und nicht weniger.

Dann kam eines Tages meine Freundin Heike in meinem Geschäft mit folgender Bitte auf mich zu. Ob ich ihr nicht den Anamnesebogen und zwei homöopathische Bücher von Peter Raba bestellen könne? Ein mir bis dahin vollkommen unbekannter Heilpraktiker und Homöopath, der allerdings wundervolle Werke im Eigenverlag herausbrachte. Heike hatte mir den Verlag notiert und auf einer Liste die Bücher vermerkt. Lesestoff führte ich selbstverständlich auch in meinem Sortiment und ich dachte, es wäre eine Bereicherung für den Laden. Gesagt, getan. Telefonisch gab ich die Bestellung mit Heikes Wunsch und ein paar Büchern mehr bei einer freundlichen Dame des genannten Verlags auf. Somit war die Aufgabe für mich erledigt. Ein paar Stunden später klingelte das Telefon, ich nahm ab und zu meiner großen Verwunderung hatte ich Peter Raba höchstpersönlich an der Strippe! Er erkundigte sich, wer an dem Anamnesebogen Interesse hätte, worauf ich ihm erklärte, dass es sich um meine Freundin, eine Kundin und Heilpraktikerin handelte. Über eine Stunde dauerte unser kurzweiliges Gespräch. Ich war fasziniert von diesem unverfälschten Menschen, der in mir sofort das Interesse an dieser Heilkunst erweckte. Spontan meldete ich mich zu einem siebentägigen Seminar in Murnau an, wohlgemerkt nur mit einem unbestimmten Wissen von Globuli und Potenzen.

Obwohl mich dieses erste Seminar aufnahmetechnisch bereits nach drei von sieben Tagen maßlos überforderte, belegte ich in den folgenden Jahren begeistert weitere Seminare bei Peter. Man lernte fürs Leben. Zusammenhänge und Wechselspiel zwischen Mikro- und Makrokosmos, oben und unten, innen und außen erschlossen sich in erst winzigen, doch immer größer werdenden Dosen meinem Hirn und Herz. In lebhaften Bildern schilderte Peter Fälle und Lösungen, oft mit Bezug zur griechischen Mythologie, was einen starken Erinnerungseffekt in sich barg – jedenfalls für mich.

Ein Mensch, der nicht zwischen die Dinge blicken mag oder kann, dem wird das wahre Wesen der Homöopathie auf ewig ein Rätsel bleiben. Rationale Mediziner und Kritiker dieser Heilkunde werden niemals verstehen, warum ein Mittel bei einer Person gut gegen Schweißfüße sein soll, bei einem anderen Menschen dagegen Herzprobleme erleichtern kann. Aus diesem Grund ertrage ich keine Diskussionen mit dem Thema Pro & Contra Homöopathie. Solche Streitgespräche sind vollkommen überflüssig, da sie in der Regel so sinnvoll sind wie der Versuch, einer Ameise die Relativitätstheorie näher zu bringen.

Überhaupt wäre es viel wichtiger, dass die Menschen in einen Dialog treten und sich nicht in fruchtlosen Diskussionen abkanzeln, um anschließend vollkommen frustriert zu sein.

Jedem das seine.

Anfallsweise überkam mich der Wunsch, selbst eine Heilpraktikerausbildung zu absolvieren. Meine rechtzeitige Einsicht bewahrte mich vor diesem Schicksal, da ich beständig mit der medizinischen Versorgung der eigenen Familie zu tun hatte. Es kam vor, dass mein Mann aus fünf Metern Höhe von der Leiter fiel oder er sich mit einem Quad flachlegte. Bebi neigte zu übelsten Wunden nach Mücken-, Bremsen- und Bienenstichen. Irgendjemand hatte immer etwas.

Darüber hinaus war ich in meinem Steinladen zu einer Anlaufstelle – nein, eher einer Abladestelle – für Geschichten aller Art geworden. Aufmerksame und aufrichtige Zuhörer sind heutzutage selten geworden. So zog ich viele Personen an, denen Schlimmes und Schlimmeres widerfahren war und sie schütteten ungehemmt ihr Herz bei mir aus.

Nicht nur für die Homöopathie ist genaues Zuhören und Hinsehen überaus wichtig und lange Zeit hörte ich auch jedem Menschen bereitwillig zu. Wenn ich genau überlege, hörte ich bereits seit meinem zehnten Lebensjahr zu. In der Schule weinten sich bereits zerstrittene Freundinnen bei mir aus, natürlich getrennt voneinander. Gerne war (und bin) ich ein Friedensstifter mit großem Verständnis für fast jede Meinung. Doch irgendwann ist es genug. Mir sagte mal jemand, dass auch die Müllabfuhr etwas kosten würde.

Freundschafts- oder gar Liebesdienste sind existentiell, aber ist es nicht auch eine Frage der Wertschätzung? Einmal sich selbst gegenüber und wie wertschätzt einen das Gegenüber? Natürlich stellte ich mir diese Fragen zunächst nicht bewusst. Doch im Unterbewusstsein konferierten die Beteiligten heftig. Tief in mir geriet das übertriebene Pflichtbewusstsein intensiv mit dem immer noch existenten Freiheitsdrang aneinander. Wie immer deckte ich den blubbernden Kochtopf brav zu und versuchte lächelnd, davon keine Notiz zu nehmen. Fremden und Freunden schenkte ich mein Gehör, doch meiner eigenen inneren Stimme schenkte ich nur wenig Aufmerksamkeit.

Da eilte mir ein Tier zu Hilfe. Ein guter alter Bekannter, mit dem ich viele Erfahrungen sammeln durfte. Denn über Umwege, besser gesagt, über den guten alten Zu-Fall, fiel mir ein homöopathisches Mittel in den Schoß.

Lac equinum – die Pferdemilch.

Nun ja, die potenzierte Arznei dieses Tieres half mir im wahrsten Sinne des Wortes auf die Sprünge. Normalerweise starte ich solche Selbstversuche mit Mitteln dieser Tragweite nicht. Doch der Bogen zwischen oben genannten Kontrahenten Pflicht und Freiheit war mittlerweile fast zum Zerreißen gespannt. Bereits nach wenigen Tagen Einnahmezeit des Mittels, (die insgesamt kurioserweise neunzehn Tage dauerte) schoss der Pfeil, besser gesagt die Rakete, in die Atmosphäre.

Genau drei Tage nach der ersten Gabe rief mich ein Bekannter an, mit folgenden, in meinen Ohren weinerlich vorgetragenen Worten:
„Ach, in deinen Laden müsste ich auch mal wieder kommen…"
Es brodelte ohnehin schon in mir und seine Jammerstimme empfand ich so, als ob er voller Erbarmen ein gutes Werk täte, wenn er sich dazu herabließe, mein Geschäft aufzusuchen (in dem er, nebenbei bemerkt, noch nie einen Euro gelassen hatte).
Unvermittelt platzte mir der Kragen und ich polterte aggressiv zurück:
„Neeee, dass musst du nicht!
Aber wenn du noch was brauchst, dann beeil dich, ich sperre nämlich bald zu!!!"
Uiuiui, das hatte gesessen.
Aber sowas von!
Perplex und fühlbar verstört verabschiedete sich mein telefonisches Gegenüber.

In mir breitete sich eine tiefe Erkenntnis aus. Endlich hatte ich begriffen, dass alles nur eine Weile schön ist und diese Weile mit dem Laden nun einfach vorbei war.
Rücksichtslos waren die Worte infolgedessen einfach aus mir herausgesprudelt.
Monate später entschuldigte ich mich schriftlich bei dem Anrufer für die brüske Abfuhr und bedankte mich auch für den von ihm beigetragenen,

berühmten letzten Tropfen, der mein gedeckeltes Fass zu guter Letzt zum Explodieren brachte.

Meinen pflichtbewussten Ackergaul hatte ich in eine Art Vorruhestand geschickt und die unbändige Mustangstute buckelte wiehernd über die Prärie!

Es dauerte einige Wochen bis das wilde Rodeopferd, das hinten ausschlug und vorne biss, wieder etwas ruhiger über die Piste trabte.

Ob Familie, Freunde oder Kunden: Alle bekamen es zu spüren. Lang unterdrückte Aggressionen der sonst immer so lieben Diana kamen zum Vorschein und ich verprellte so manchen mit meinen beißenden Wahrheiten. Die Zunge ist eben schärfer als das Schwert. Leider hatte ich sie nun kaum noch unter Kontrolle und ich möchte mich auf diesem Wege für ungerechtfertigte, verletzende Kommentare entschuldigen.

Für meine innere Befreiung war es jedoch ein wichtiger Schritt in die richtige Richtung.

An diesem Beispiel sieht man ganz gut, dass die homöopathische Behandlung, besser gesagt die Folgen derselben, ein gehöriges Maß an Wissen, Mut und Verantwortung brauchen. Deswegen rate ich von wahllosen Selbstversuchen eher ab, gerade mit so ‚heftigen‘ Mitteln. Man muss mit den Konsequenzen, die einen fordern, manchen sogar überfordern, umgehen können.

Besonders für den Partner eines Behandelten kann so eine rabiate Sinneswandlung sehr befremdlich sein und es ist empfehlenswert, einen erfahrenen Therapeuten an der Seite zu haben, der einen über diese abenteuerliche Zeit begleitet.

So schnell wie ich vor neunzehn Jahren das Kapitel Laden geöffnet hatte, so schnell schloss ich es auch wieder. Zehn Wochen nach dem jämmerlichen Anruf des Bekannten hatte ich ausverkauft und ausgeräumt. Es war wunderbar!

Danach kam frische Farbe an die Wände und vor allem Farbe auf die Leinwand.

Kurzerhand funktionierte ich den Raum für eine andere große Leidenschaft um, das Malen.

Herrlich, nun hatte ich genug Platz für große Formate, für Nass-in-nass-Arbeiten, die ich einfach tagelang zum Trocknen liegen lassen konnte. Türe zu, fertig.

Das Ladengeschäft mit regulären Öffnungszeiten und Publikumsverkehr gehörte der Vergangenheit an, mein Atelier dem Jetzt und der Zukunft.

Ein Traum!

18 – Betty und Boo

Bis zur Schließung meines Ladens würde es noch fast sechs Jahre dauern und unsere Katzen-Odyssee hatte schon längst begonnen.
Apropos Traum: Sepp hatte mir ja auch einen Traum geschickt.
Neunzehn Jahre war er an unserer Seite, und nun?
Das Leben ohne Katze war seltsam. Nein, für mich war es sogar tragisch.
Einerseits hatte es natürlich Vorteile. Kein müffelndes Katzenfutter, keine filzigen Haarbüschel auf Möbeln oder Kleidung, keine schmutzigen Pfotenspuren auf den frisch gewischten Fliesen, kein hungriges Gejammer, keine Verantwortung.

Aber es hatte diesen einen, diesen einzig entscheidenden Nachteil:
Keine Katzenliebe!!! Und das schon über zwei Monate.
Dieses Argument wog schwerer als sämtliche hygienischen Dienlichkeiten.

Da Sepp so einmalig war, war mein Plan, wenn man es überhaupt so nennen kann, keinen Kater mehr zu nehmen, sondern ein Katzenmädchen – am besten gleich zwei. So wäre es viel schwerer, einen eventuellen – und gleichzeitig unmöglichen – Vergleich anzustellen.
Sepp hatte mir ja im Traum speziell die Umrisse von zwei Katzen gezeigt!

Mein Katzenentzug war so groß, dass ich dauernd im Internet stöberte, einfach, um Bilder von den wunderbaren Tieren anzusehen. Eine Abbildung faszinierte mich besonders. Es war ein Britisch-Kurzhaar Babykätzchen in der Farbe Mausgrau. Dazu hatte es weiße Söckchen an und ein weißes Lätzchen dazu. Die Mieze war zum Dahinschmelzen. Aus Neugier rief ich an, um mich nach Geschlecht und Preis zu erkundigen. Bisher hatte ich noch nie für eine Katze bezahlt, denn auf dem Land waren die Leute eher froh, wenn sie ihre Würfe überhaupt los brachten. Die Anbieterin des entzückenden Wollwesens war Züchterin dieser Edelrasse und verlangte für die süße graue Maus, die sich auf Nachfrage als Mäuserich entpuppte, stolze siebenhundertfünfzig Euro! Hallo? Süß hin oder her, das war einfach zuviel!

Doch diese bezaubernden Bilder von den goldigen Kätzchen, die ich mir haufenweise reinzog, schürten meine Sehnsucht nach erneuter Fellbegleitung erheblich.

Es war so leer im Haus ohne Sepp und ich litt massiv unter dem Katzenentzug. Die Selbstdiagnose lautete: Katzensucht!

Wieder einmal, wie damals bei meinem Pudel Whisky, sprang mir eine Anzeige der Regionalzeitung ins Auge, die schlicht und ungekünstelt lautete: „Kleine Katzen abzugeben. Telefonnummer."

Was wollte ich mehr?

Zwerg war zwar noch nicht wirklich bereit für Neuzuwachs, doch weil mich mein Mann liebt, stimmte er leichtfertig zu. Aufgeregt rief ich bei der Inserentin an und erkundigte mich nach dem Wurf. Insgesamt waren es sechs Katzenkinder, in den unterschiedlichsten Farben, die man sich gerne unverbindlich ansehen könne. Unverbindlich! Ha!

Zur Verstärkung nahm ich meine Tochter mit – und natürlich den Katzenkorb. Unterwegs kaufte ich vorsorglich Futter ein, denn Sepps Seniorenteller hatte ich bereits verschenkt. Ich war gerüstet – wohlgemerkt nicht bindend – aber man konnte ja nie wissen.

Die Dame mit den Kätzchen, Frau Hofer, war sehr nett. Der Wurf kam eher zufällig in ihre Hände. Die Miezen wurden nämlich auf einem Bauernhof geboren, wo ihr Mann handwerkliche Tätigkeiten ausführte. Als seine Frau ihm etwas vorbeibrachte, bemerkte sie eine ausgemergelte Katzenmama mit ihren sechs Babys. Frau Hofer hatte selbst schon ein paar Katzen, trotzdem nahm sie die Sache umgehend in die Hand. In Absprache mit der Bäuerin kümmerte sie sich um die Kätzin, ließ diese kastrieren und von der Tierärztin mit Aufbauspritzen versehen. Der Landwirtin war es lediglich wichtig, dass sie mit den Kosten nichts zu tun hatte! Leider ist das auf dem Land immer noch üblich. Vor allem Bauernkatzen bekommen einen Wurf nach dem anderen und wer nicht durchkommt, hat eben Pech gehabt. Die vollkommen ausgelaugten Mütter sehen oft jämmerlich aus, die Kleinen ebenso. Verklebte Augen, ein entzündeter Nabel oder Unterernährung zeichnen die kleinen Vierbeiner. Manche fallen in die Odelgrube, andere werden von einer Kuh platt getreten oder ein rutschender Siloballen beendet ihr Dasein. Unter einer natürlichen Auslese verstehe ich etwas anderes. Die, die überleben, suchen meist ein neues Revier, da ein Hof, auf dem nicht zugefüttert wird, auch nicht unendlich viele Katzen verträgt. Dadurch gibt es massenweise Streuner, die sich ebenfalls wieder unkontrolliert vermehren. Keine gute Lösung.

Doch die verantwortungsbewusste Frau Hofer nahm die Kleinen zu sich nach Hause und hatte es sich zur Aufgabe gemacht, diese an gute Plätze zu vermitteln.

Zwei von den sechsen hatten es meiner Tochter und mir sofort angetan. Wir waren schockverliebt. Die kleinen Katzenmädchen hatten eine Farbe, die verzwickt zu beschreiben ist. Die Grundfarbe war grau – grau gestreift, ein bisschen gescheckt, etwas weiß mit einem Hauch von rötlichem Beige. Ein wenig Vorstellungskraft wird der Leser sicher haben. Die etwas Größere der beiden war eher von Streifen geziert, die Kleinere sah mehr gepunktet aus und hatte ein weißes Bäuchlein. Bebi und ich setzten uns auf den Boden. Es dauerte nicht lange und die beiden kamen tatsächlich auf uns zugewackelt. Nach ein bisschen Spielzeit schlief eines im Arm meiner Tochter ein und eines in meinem Arm. Was war ich selig! Die meisten Frauen sind beim Anblick von Menschenbabys hin und weg, bei mir sind es eben Katzenbabys.

Frau Hofer war schnell überzeugt davon, dass die Tierchen in ihrem neuen Heim gut aufgehoben wären. Ohne zu zögern stimmte sie dem Umzug zu, nicht ohne mir eine Platzkontrolle anzukündigen, worüber ich mich freute. So packten wir die Mädels zusammen in den Katzenkorb und fuhren nach Hause.

Zwerg hatte zu Recht befürchtet, dass wir nicht alleine nach Hause kommen würden. Neugierig linste er in den Korb. Wer dem Charme von Katzenkindern widerstehen kann, der lebt nicht in meiner Welt. Mein Mann wollte in meiner Welt leben und so fand er die Kleinen selbstredend zauberhaft. Bebi sollte die erste Namenswahl treffen. Das kleinere Fräulein wurde von ihr Boo getauft, ausgesprochen ,Buh‘, wie das mutige Mädchen aus dem Pixar- Film Die Monster AG. Boos etwas größere Schwester bekam von mir den Namen Betty. Erst einmal schien meine Katzenwelt wieder in Ordnung zu sein und jede Menge Leben kam mit den beiden in die Bude. Katzenkinder sind sehr verspielt, was einerseits unglaublich amüsant ist, andererseits unglaublich anstrengend. Nach unserem eher pflegeleichten Katzenopa mischten die Mini-Monstermiezen unser Haus auf, wofür mein Mann nur bedingt Verständnis aufbrachte – und das, obwohl er um meine Katzenwelt wusste!

Die Schwesterchen konnten nix außer fressen, spielen und aufs Katzenklo gehen. Immerhin, denn Frau Hofer hatte diese beiden erst wenige Tage vor unserer Abholung vom Bauernhof eingesammelt, wo sie wild lebten ohne Tisch, Stuhl oder Bett. Auch ich war nach zwei Jahrzehnten bedächtigem Sepp mit den kleinen Wildfängen ganz schön gefordert. In der ersten Nacht fügte die kleine Boo der größeren Betty sogar einen Schlitz im Ohr zu! Sie waren untereinander nicht gerade zimperlich. Die Möbel mussten abgedeckt werden, damit sie durch die ungestümen Verfolgungsjagden nicht ruiniert wurden, dabei nahmen sie auch keinerlei Rücksicht auf den schlafenden Hausherren, den sie einige Male aus dem sonntäglichen Nachmittagsschlummer auf der Couch rissen. Der große schlafende Mann wurde gerne als Sprungbrett benutzt, um besser im Bücherregal landen zu können. Autsch!

Die Grünpflanzen im Haus wurden entfernt oder gesichert, da sie schon mal als Toilette dienten. Die Erde kannten sie noch vom Bauernhof. Deshalb war so ein Pflanzentopf sehr verführerisch. Mit den Katzenfutterumwandlungsprodukten einher geht der unschöne Geruch, ob im Blumentopf oder im Katzenklo. Den ganzen Tag sorgten die Teenager für Geruchsnachschub. Wer viel frisst, der viel sch…
Peinlichst war ich auf Sauberkeit bedacht und damit mein Ehemann nicht zu viel zum Nörgeln fand (wegen der Geruchsbelästigung), setzte ich mich wieder einmal unter Dauerstress. Nach draußen wollte ich die Kleinen auch nach den obligatorischen sechs Wochen im Haus noch nicht lassen. Es war Ende November und ich fand es einfach zu früh und zu kalt. Im Nachhinein gesehen war das wahrscheinlich ein großer Fehler.

In den ersten Wochen schliefen die zwei an den unmöglichsten Orten. Angefangen vom Altpapierkorb bis hin zum Suppentopf. Eng aneinander gedrückt testeten sie sämtliche Möglichkeiten aus. Meinem Mann zuliebe ließ ich sie erst einmal nicht mehr ins Schlafzimmer, denn wenn wir schlafen wollten, gaben sie noch einmal richtig Gas und rumpelten im Dunklen wie die Derwische über unser Bett.

Die Freude mit den kleinen Temperamentsbolzen überwog dagegen alle Unannehmlichkeiten trotz Erziehungsstress. Zwei unglaublich liebe Katzen mit freundlichen Charakteren, die schnell lernten und gerne schmusten, vor allem mit mir.

Boo war die kleinere und wildere, Betty die gemütlichere aber auch eifersüchtige Katze. Wenn Boo auf mir lag und friedlich schlief, dauerte es nicht lange bis Betty das bemerkte und sich ungeniert dazuquetschte. Sie hatte immer Angst, zu kurz zu kommen, was möglicherweise daran lag, dass ihre Katzenmama sie beim Umziehen auf dem Hof im alten Versteck vergaß. Frau Hofer hatte das Gott sei Dank mitbekommen und das vergessene Tierkind an den neuen Platz umgesiedelt. Katzen können offenbar nicht zählen, oder vielleicht nur bis fünf.

Beim Fressen war Bettys Besorgnis besonders groß. Sie saugte ihr Futter ein wie ein Turbostaubsauger. Boo war das Essen nicht so wichtig. Doch weil sie von Anfang an die Kleinste aus dem Wurf war, achtete ich sehr darauf, dass sie genügend abbekam und fütterte sie gelegentlich extra in der Speisekammer der Küche. Während die genügsame Boo langsam und gesittet im Kammerl aß, strolchte Nimmersatt Betty vor der Türe auf und ab, um eventuell übrig bleibende Reste nicht verkommen zu lassen. Von kleinen Apfelstückchen, über ein gelegentliches Käsebröckchen bis hin zur leckeren Spinne: Vor Betty war nichts sicher.

Eines Abends beobachteten wir drei, also Zwerg, Boo und ich, ,grauszi-niert' unseren Vielfraß. Dieser nässte gerade im Wohnzimmer auf dem orangefarbenen Fliesenboden – also gut erkennbar für alle – eine mittel-große, schwarze Spinne ein, indem der Achtbeiner behutsam ins Mäulchen genommen und immer wieder ausgespuckt wurde. Nach ein paar Minuten war das Opfer wohl feucht genug und verschwand endlich komplett im Miezenmagen.

Ein lebhafter Winter war uns mit den Zweien beschert, der vor allem aus spielen, spielen und spielen bestand. Sie liebten es, an der ,Angel' zu hängen und mit den Hinterbeinen in dem dort befindlichen Wust aus dicken Wollfäden und losen Gummibändern zu strampeln. Kleine Kätzchen brauchen viel Beschäftigung, deutlich mehr als ausgewachsene Katzen. Und wenn einem daran gelegen ist, dass Inventar und Bewohner heil bleiben, jagt man eben mit einer Angel durch die Bude. Boo apportierte sogar, vornehmlich ihren kleinen Hummer aus Plüsch. Man musste das Spiel allerdings rechtzeitig abbrechen, denn sie jagte mit solch einer Ausdauer, dass sie hechelte wie ein Hund.

Große Pappkartons wurden von uns mit Löchern versehen und raschelndem Papier gefüllt. Auch dieses Unterhaltungsmittel wurde gerne als Zeitvertreib genutzt.

Um für weitere Abwechslung zu sorgen, legte ich mir zwei Leinen samt Katzengeschirr zu, in die ich die beiden steckte, um an schönen Wintertagen ums Haus laufen zu können. Da ich ohnehin keine reinen Wohnungskatzen wollte, dachte ich, diese Methode würde eine gute Vorbereitung für den späteren Freigang sein.

Während Betty es vorzog, sich einfach hinzulegen und die große Welt mit noch größeren Augen aus dieser Perspektive auf sich wirken zu lassen, zerrte die furchtlose Boo mich mehrfach ums Haus und fand es fürchterlich, nach dieser Schnupperstunde wieder ins gemütliche, doch für sie auch sehr langweilige Heim gesperrt zu werden.

Sporadisch patrouillierte – die bereits durch Sepp bekannte und mittlerweile erwachsene Nachbarskatze – Mira an der Fensterfront unseres Wohnzimmers vorbei. Misstrauisch äugte sie durch die Glastüren. Sie hatte die beiden Konkurrentinnen längst wahrgenommen. Anfangs flohen unsere Kleinen noch unter den Kachelofen. Später versteckte sich nur noch die sensible Betty dort, währenddessen die unerschrockene Boo mit einem heftigen Fauchen und Grollen von innen gegen die Scheibe sprang und es tatsächlich schaffte, die im Verhältnis zu ihr riesige Mira zu verscheuchen.

Sepp lud einstmals Mira ein, Boo lud sie wieder aus.

Die Sperrzone für das Schlafzimmer war, wie man sich denken kann, längst aufgehoben. Wie gewohnt wurde hauptsächlich ich belagert, da ich, im Gegensatz zu meinem Mann, auch in unangenehmen Stellungen verharre. Hauptsache, die Miezen liegen bequem. Doch Betty hatte die, manchmal sehr lästige Angewohnheit, in meinem lockigen Haar zu kneten, Kopfhaut inbegriffen. Wenn sie etwas besonders toll fand, kam erschwerend dazu, alles vor lauter Freude vollzusabbern, ähnlich dem armen triefenden Spinnlein. So sah ich an manchem Morgen wie ein Punk mit ,Bad Hair Day' aus. Die Haare standen in sämtlichen Richtungen ab, mit filzigen Knoten versehen, also unkämmbar. Da half nur noch eine Haarwäsche mit viel Pflegespülung oder ein unordentlicher Pferdeschwanz zu einem zerzausten Dutt zusammengewurstelt. Um mich vor Betty und ihren Frisierkünsten zu schützen, zog ich mir die Decke komplett über den Kopf. Lediglich ein kleines Atemloch hielt ich frei. Doch auch dieses spürte sie zielsicher auf und lugte verständnislos in mein Versteck, als ob sie sagen wollte: „Hey, super, du bist ja doch zuhause!" Ihre entzückenden Glubschaugen entlockten mir meist ein Grinsen und ich legte ihr mein Haar doch wieder bereitwillig zu Füßen, um es liebevoll von ihren Pfoten kräuseln zu lassen.

Boo war zu meiner Freude eher trockener Natur und lag gerne laut schnurrend in meiner Hüftkuhle, wenn ich im Bett auf der Seite lag. Nach wie vor schliefen die zwei auch friedlich aneinander gekuschelt auf der Couch, in einem Sessel oder einem anderen behaglichen Ort ihrer Wahl. Trotz ihrer Unterschiedlichkeit liebten sie sich sehr.

Im Laufe der Monate wuchsen wir alle zu einer wunderbaren Einheit heran, mein Mann, Betty, Boo und ich. Nach anfänglichen Unstimmigkeiten herrschte endlich eitel Sonnenschein. Frau Hofer, die die Kleinen damals vermittelte, machte ihr Versprechen wahr und führte die Platzkontrolle durch. Sie war sehr zufrieden mit allem und erzählte mir auch von den anderen Geschwistern, für die sie ebenfalls wunderbare Plätze gefunden hatte. Was für eine tolle Frau, die sich dieser Verantwortung so gewissenhaft stellte.

Es war März geworden, der Frühling klopfte an die Tür und die beiden waren mittlerweile sieben Monate alt. Vor allem die gut entwickelte Betty war mächtig in der Pubertät und sie zeigte erste Anzeichen von Rolligkeit. Boo war damit noch nicht ganz soweit, doch dafür war ihr Freiheitsdrang umso größer und man musste fortwährend aufpassen, dass sie nicht nach Draußen entwischte. Wir wollten einfach keine zusätzlichen Katzen entstehen lassen. Die Tierheime sind voll davon. Landläufig herrscht zwar immer noch die Meinung, eine Katze sollte wenigstens einmal Junge bekommen. Das mag für die Psyche schon richtig sein, doch was ist mit Leib und Leben der unzähligen Tiere, die im Heim landen oder auf den Straßen herumstreunen? Eine Katze ist so unglaublich fortpflanzungsfreudig, dass sich für uns die Frage von mehreren Katzengeburten nicht stellte. Abgesehen davon: Wie hätte ich Babys von Betty oder Boo jemals in fremde Hände geben können? Und wenn die Babys wieder Mädchen wären? Innerhalb kürzester Zeit hätten wir ein eigenes Katzenasyl eröffnen müssen! Also ließ ich die beiden von meiner Tierärztin Maria untersuchen und gemeinsam entschieden wir, dass sie nun kastriert werden sollten.

Sorgfältig wählte ich bezüglich des Mondstandes einen günstigen Tag aus, und bereitete die zwei homöopathisch auf das, im wahrsten Sinne des Wortes, einschneidende Erlebnis vor. Damals hielt ich noch nichts vom Mikrochip, mit dem man Tiere kennzeichnet, um sie eindeutig seinem Besitzer zuordnen zu können und so bevorzugte ich die Variante mit der Ohrtätowierung, was bei den hellen Ohrmuscheln gut machbar war. Maria war so lieb und holte am ausgemachten Tag Betty und Boo morgens bei uns ab, um sie direkt mit in ihre Praxis zu nehmen. Nichts ahnend sprangen sie freiwillig in die Katzenkörbchen, was ich für ein gutes Zeichen hielt. Dennoch war ich aufgewühlt und auch besorgt, denn die Kastration, also das Entfernen der Eierstöcke bei den Katzendamen ist doch deutlich aufwändiger als das Entfernen der Hoden bei den Katern, angefangen vom Bauchschnitt bis hin zur längeren Narkose, während der auch die Tätowierung vorgenommen wurde.

Was ich zu diesem Zeitpunkt nicht bedachte, Maria im Übrigen auch nicht, war Folgendes. Eine der beiden, in diesem Fall war es Betty, würde die ganze Zeit in ihrem Transportbehältnis warten müssen! Mindestens eine Stunde alleine verbrachte sie darin, noch dazu in einer ihr vollkommen fremden Umgebung, nicht wissend, was mit ihr geschehen würde. Boo war die ‚Glückliche‘, die zuerst drankam und die Narkose hielt natürlich noch an, während Betty operiert wurde. Warum ich daran nicht dachte?!? Das ärgert mich heute noch! Für Bettys empfindsame Seelen war das der zweite Schlag, nachdem sie seinerzeit von ihrer eigenen Mutter beim Umziehen auf dem Hof vergessen wurde.

Ein weiterer Schicksalsschlag stand für Betty, und auch mich, bereits an…

Endlich rief Maria an, um mir zu sagen, dass die beiden die Eingriffe gut überstanden hatten und ich sie nun abholen konnte. Zehn Minuten später war ich bereits in der Praxis, um meine Mädchen abzuholen. Für mich ist es immer wieder schlimm, mit anzusehen, wie die benebelten Köpfchen wackeln und zittern, wenn die Tiere aus ihrer Betäubung aufwachen. Da ich ein sehr empathischer Mensch bin, der selbst schon sieben Mal in Narkose lag, ist mir dieses Gefühl der Verwirrung, Orientierungslosigkeit und Kälte während der Aufwachphase noch ausdrücklich in Erinnerung. Das Badezimmer im ersten Stock hatte ich gewissenhaft vorbereitet. Die Fußbodenheizung war wohl temperiert, der Boden war mit weichen Unterlagen versehen und ich hatte Wasser in Pipetten aufgezogen, um ihnen zu trinken zu geben. Erst ließ ich beide noch in ihren Transportboxen, doch schon nach wenigen Stunden waren sie so unruhig, dass ich sie aus ihren Gefängnissen entließ. Es war ganz und gar nicht schön, wie sie im Bad herumtaumelten, sich gegenseitig mit einer Mischung aus Abscheu und Konfusion beschnupperten und sich erst einmal nicht wieder erkannten. Die Gerüche von Desinfektionsmittel und Tätowierfarbe fanden beide sichtlich abstoßend und es dauerte zwei Tage, bis sich die Schwestern wieder riechen konnten.

Betty hatte den Eingriff sehr gut verkraftet, trotz der Wartezeit in der Box. Die körperlich immer noch etwas kleinere Boo leider nicht. Irgendetwas in ihrem Blick war verändert, ja, ich sah einen Vorwurf in ihren Augen. Es besserte sich etwas nach der Gabe eines homöopathischen Mittels. Körperlich heilten die Schnitte dafür im Rekordtempo und nun konnte ich den beiden die Freiheit nicht mehr verwehren. Es waren warme Märztage und unter unserer Aufsicht durften sie endlich in den Garten! In vollen Zügen genossen sie dieses großartige Gefühl, Sonne und Wind zu spüren, Erde zu riechen, andere Geräusche wahrzunehmen. Ich hatte mein Versprechen gehalten, sie nach der Kastration endlich ins Freie zu lassen! Boo blühte sichtlich auf. Es war das reinste Vergnügen, den Katzen zuzuschauen. Wie einst unser Sepp benutzten sie die Katzenleiter zu unserem Schlafzimmer, was bedeutete, dass sie ihre Streifzüge täglich mehr ausbauten und sie nun nicht mehr unter Dauerbeobachtung standen. Doch spätestens um achtzehn Uhr mussten die Mädchen ins Haus, über Nacht durften sie noch nicht draußen bleiben. Alles fühlte sich mustergültig an.

Nach einer Woche kam Boo abends nicht nach Hause.
Wir suchten überall, die Nachbarn wurden informiert und wiederholt gebeten, fast muss ich sagen bedrängt, in ihre Garagen und Keller zu sehen, ob sie Boo nicht versehentlich eingesperrt hätten. Ich druckte Flugblätter und verteilte sie im ganzen Ort. Nichts.

Stundenlang marschierte ich die Gegend ab, die Futterbox raschelnd in der Hand und Boos' Namen rufend, zehn Tage lang. Nichts.

Es war grauenvoll. Betty war verstört. Nachts kam sie sogar unter meine Bettdecke und drückte sich zitternd an mich. Ich habe unzählige Tränen vergossen.

Meine süße Boo, mein kleines entzückendes Mädchen. Alles war so gut, und jetzt?

Ein unermesslicher Schmerz lähmte mich.

Am furchtbarsten war, dass sie einfach verschwand.

Keine Spur von ihr.

Nichts.

Der Tod eines geliebten Tieres oder gar eines Menschen, der Abschied, all das muss verarbeitet werden. Doch wenn man nicht weiß, was wirklich passiert ist, wenn man sich eben nicht verabschieden kann – das ist entsetzlich und nagt ein Leben lang. Man bekommt einen Anflug von Ahnung, was in Eltern vorgeht, deren Kinder verschwinden und betet gleichzeitig, dass einem das selbst erspart bleiben möge. Der Tod mag schlimm sein, besonders wenn man sich von jemand Jungem verabschieden muss. Aber nicht zu wissen, ob das Wesen gelitten hat, ob man es vielleicht hätte retten können oder es einfach ein Fremder mitgenommen hat.

Mit den Jahren verblassen die Erinnerungen etwas, die Narben aber bleiben für immer.

19 – Mimulus

Um mich abzulenken und meinen Schmerz ein wenig zu betäuben, fing ich nach ein paar Wochen wieder an, im Internet Ausschau zu halten. Nicht um Boo zu ersetzen, so etwas ist selbstverständlich unmöglich, sondern um für Betty eine Spielkameradin zu finden. Der Traum von zwei sich verstehenden Miezen war noch nicht ausgeträumt. Wenn schon, dann sollten wir nicht zu lange damit warten, denn je jünger die Beteiligten, desto einfacher sollte eine Zusammenführung funktionieren.

Zwerg waren meine Bemühungen suspekt. Er hätte sich mit Betty als Einzelkatze sehr wohl arrangieren können. Für mich war die Suche eher eine Art von Therapie. Es schien nützlich, sich damit auf diese Weise auseinanderzusetzen.

Da fiel mein Blick auf eine Online-Anzeige, in der eine Katze namens Jule angeboten wurde. Sie hatte ein ausgeprägtes Schildpattmuster mit den typischen roten und schwarzen Fellpartien. Auf den Fotos sah sie sehr apart aus und hatte, wie ich fand, einen schelmischen Gesichtsausdruck. Wie Betty war sie etwa ein dreiviertel Jahr alt. Nach einer Woche Hin- und- Her überlegen setzte ich mich mit der Besitzerin in Verbindung, die in München eine Pflegestelle für Fundkatzen hatte und sich schon die Hände rieb, als sie von meinem eventuell zu vergebendem Freigängerplatz hörte. Gerne dürfe ich Jule unverbindlich in Augenschein nehmen, versicherte mir die freundliche Dame, was mir unglaublich wichtig war. Mit dem Transportkorb setzte ich mich in die S-Bahn nach München und ließ mich von meiner Tochter, die ja dort wohnte, mit dem Auto abholen. Gemeinsam fuhren wir zu der Wohnung, um mit der Mieze Kontakt aufzunehmen.

Jule sah mich mit dem Arsch nicht an!

Tatsächlich kann das ein Vertrauensbeweis der Katze sein, wenn sie einem das Hinterteil, die verletzliche, ungeschützte Seite zuwendet. Nicht so in diesem Fall! Wir hatten rein gar nichts füreinander übrig! Die formgewandte Vermittlerin redete mit Engelszungen auf mich ein und pries mir die Schildpattdame an wie ein Sonderangebot auf dem Viktualienmarkt. Jule war vollkommen unbeeindruckt. Dafür brach ich unvermittelt in Tränen aus, die durch nichts aufzuhalten waren. Fluchtartig verließen wir die Wohnung mit dem leeren Katzenkorb und Bebi fuhr mich nach Hause.

Es fühlte sich wie ein Verrat an, ein Verrat an Boo, an Betty und ein bisschen an mir selbst.
Das war mir eine Lehre. Jetzt hatte ich genug!
Dann würde Betty eben ein Einzelkätzchen bleiben.

Drei Monate waren seit Boos Verschwinden vergangen, die Tränen wurden weniger. Ganz waren sie noch immer nicht versiegt. Aus heiterem Himmel rief mich Bärbel an, eine Kundin und gute Bekannte, die um meinen Verlust wusste.
Sie eröffnete das Telefonat mit folgenden Worten:
„Ich habe deine Katze gesehen. Diese Katze ist deine Katze!"
Von mir kam nur ein verdattertes „Hä?"

Bärbel fuhr fort, dass sie in einer Katzenauffangstation in einem Nachbarort eine braun-schwarz gestreifte Tigerdame gesehen hätte, bei deren Anblick sie spontan an mich denken musste, mit vollster Überzeugung, dass Katze und ich zusammenpassen würden wie Topf und Deckel. Zu meiner Schande gestehe ich, dass genau diese Farbvariante bei mir keine Freudensprünge hervorrief.
Grau. Schwarz. Schwarz-weiß gescheckt. Silbrig getigert. Ja!
Doch so eine schnöde Farbe? Ich sagte Bärbel, dass meine Suche abgeschlossen war und wir mit Betty allein bleiben wollten. Hätte sie gesagt, es handelte sich um eine graue Katze, wäre ich wahrscheinlich sofort losgefahren. So schob ich die ungeschätzte Färbung vor, um nicht in Versuchung zu kommen, doch auch, um mir klar darüber zu werden, was ich wirklich wollte. Sobald man loslässt, kommen die Dinge von alleine. In diesem Fall sah ich es dann doch mehr als Zeichen, das wahrgenommen werden wollte, und nicht abgelehnt.

Wieder einmal tagte der Familienrat und eine unverbindliche Ansicht wurde anberaumt, erneut mit meiner Tochter als geübte Begleiterin.
Die Katze wurde uns als Bonny vorgestellt. Jemand hatte sie total abgemagert auf einem Bauernhof im Allgäu entdeckt und gerettet. Sie hatte noch ein geschwollenes Gesäuge, das auf einen Wurf hindeutete, der trotz aller Bemühungen nicht mehr aufgefunden werden konnte. Wahrscheinlich hatte der Bauer die Katzenbabys schon auf seine Weise entsorgt.

Da sie schon Mama war, wurde sie etwa ein halbes Jahr älter als Betty geschätzt.

Mit einem Trauerblick, der Steine zum Erweichen bringt, schaute uns die Kleine an. Wieder einmal war es um uns geschehen, denn sie war wirklich hübsch, mit ihrem schwarz-braun gestreiften Fellanzug und dazu hatte sie ein schwarzes Näschen. Bei den meisten Tigerkatzen ist der Nasenspiegel rosa, doch ihrer war wie Ebenholz. Ihr Schwanz war eher ein Schwänzchen, noch nie hatte ich so ein kurzes natürlich gewachsenes Anhängsel gesehen. Der niedliche ,Stummel' würde im Stehen nie den Boden berühren, trotz ihrer ebenfalls ziemlich kurz geratenen Beinchen, die allerdings auf ziemlich großen Pfoten fußten. Laut Vermittlern lag ihr am meisten daran, sich satt zu essen. Bereitwillig ließ sie sich auf den Arm nehmen, wobei sie zwar ein wenig verdattert guckte, doch die Grundstimmung war freundlich.

Alles klar! Die Entscheidung fiel schnell. Ein neues Familienmitglied würde in einer Woche bei uns einziehen, mit der Option, sie wieder in die Auffangstation zurückbringen zu können, falls Betty mit Bonny überhaupt nicht klarkäme.

Das nahm schon mal den Druck raus, dass es auf Biegen und Brechen funktionieren müsse.

Bonny wurde von den Vermittlern höchstpersönlich zu uns gebracht. Sie wollten sich vor Ort selbst ein Bild vom neuen Zuhause ihres Schützlings machen. Für die ersten Tage hatten wir Bebis ehemaliges Zimmer vorgesehen, damit sich unsere Neue langsam eingewöhnen konnte, ausgestattet mit Kratzbaum, Klo, Spielzeug und was man als Katze sonst so braucht.

Als erstes änderten wir den Namen. Ich hatte schon einmal einen Bonny. Den, den mein Opa um die Ecke gebracht hatte. Diesen Namen wollte ich sicher nicht noch einmal vergeben.

Wir überlegten hin und her, bis mein Mann sagte: Mim!

Das fand ich prima. Wieder einmal diente eine Zeichentrickfigur als Namensvorlage, die schrullige Hexe aus Walt Disneys Merlin und Mim – Die Hexe und der Zauberer.

Mim hatte ein wirklich bezauberndes Köpfchen, in dem sich jetzt so einiges abspielte. Alle waren freundlich zu ihr, doch irgendwie wollte sie dem Frieden nicht ganz trauen. Ein Wunder war das nicht. Sie konnte ja nicht wissen, dass sie am Ziel ihrer langen Reise angekommen war.

Bauernhof. Hunger. Babys weg. Fremde Frau. Tierärztin. Kastration. Auffangstation. Kontrolle durch neuen Tierarzt. Erneut in die Auffangstation. Dann zu uns.
Wie konnte sie sicher sein, dass nicht noch eine Überraschung bevorstand?

Mim war die erste ausgewachsene Katze, die ich erzog. Das war Neuland für mich. Kitten sind zwar in den ersten Monaten anstrengend, doch kalkulierbar. Mim kannte, wie einst Betty und Boo nichts, außer Klo und Napf (und das auch erst seit der Auffangstation). Dafür war ihre Prägung zum alten Leben umso tiefer. Bestimmt war Mim nie im Haus gewesen. Sie war eine reine Stallkatze und einen Unterschied zwischen der Begehbarkeit von Couch und Tisch gab es schlichtweg nicht.
Nachdem sie die erste Schüchternheit abgelegt hatte, neigte sie zum Kratzen und Beißen, was ich ihr mit viel Geduld und Konsequenz abgewöhnen konnte. Ganz schlimm war die Angst vor Füßen, im Besonderen vor Stiefeln. Wenn mein Mann nach Hause kam und mit seinen derben Handwerkerschuhen durch den Gang stapfte, war Mim nur noch gefühlte fünf Zentimeter hoch und floh geduckt mit angsterfülltem Blick in ein Versteck. Der Verdacht lag mehr als nahe, dass dieses Geschöpf mit Fußtritten malträtiert wurde.

Bald riefen wir sie Mimi. Erstens klingt das beim Rufen weicher, zweitens passte es besser zu der körperlich kleinen Mieze. Sonst sucht man immer nach Abkürzungen, in diesem Fall wurde der Name immer länger.
Mimis Angst vor Füßen verringerte sich kaum und es war wenig hilfreich, dass ich ihr bei einem nächtlichen Toilettengang im Dunkeln auch noch auf die Pfote trat. Wir erschraken beide furchtbar und das mühsam zu ihr aufgebaute Vertrauen bekam einen empfindlichen Dämpfer.
Da probierte ich es mit Bachblüten, vor allem mit ‚Mimulus‘, der gefleckten Gauklerblume. Diese Essenz hilft bei Furcht gegenüber bestimmten Dingen, in diesem Fall eben vor Füßen und den damit verbundenen Grobheiten, die ihr zugefügt wurden. Das Heilmittel wirkte Wunder! Mimi wurde zu ‚Mimulus‘ und das schreckhafte Kätzchen zu einer mutigen Katze.

Sie wurde sehr neugierig und wollte gerne mit Betty spielen, die aber war nicht wirklich scharf darauf und strolchte lieber draußen rum. Eigentlich wollte ich ja eine Spielgefährtin für unsere eingesessene Mieze, doch die hatte sich in den drei Monaten seit dem Verschwinden ihrer Schwester Boo mit dem Einzelstatus gar nicht schlecht arrangiert. Zumindest wollte sie bei perfektem Sommerwetter nicht mit dem Neuankömmling in der öden Wohnung bleiben. Wir allerdings wollten Mimulus natürlich das größtmögliche Gefühl von Sicherheit geben, indem sie sich an Haus und Menschen gewöhnte und sperrten sie ein, was sie wiederum richtig blöd fand. Betty durfte raus, Mimulus musste drin bleiben. Eine Bauernhofkatze, die nichts anderes kannte als die Freiheit und jetzt im goldenen Käfig saß – wie geistlos!

Es gibt diese allseits bekannte Katzenregel, in der es heißt: Mindestens sechs Wochen Stubenarrest, damit sich beim Tier der neue Aufenthaltsort im körpereigenen Navigationsgerät einprägt. Notwendigerweise wollten wir diese Regel einhalten. Doch durch einen Verständigungsfehler zwischen meinem Mann und mir gelangte Mimulus über die im Schlafzimmer geöffnete Balkontüre und die Katzenleiter ins Freie.
So saß mein Mann an einem sonnigen Samstagmorgen Zeitung lesend am Küchentisch, als sein Blick durch die Terrassentür in den Garten fiel. Höchst erstaunt beobachtete er, wie zwei Katzen im Freien ein Jagdspiel inszenierten. Bei genauerem Hinsehen bemerkte er verblüfft, dass es sich um unsere beiden Exemplare handelte! Sofort öffnete er die Tür und rief die Mädels, die prompt auf seinen Zuruf reagierten und zu ihm ins Haus kamen.
Wenig später tauchte ich auf und Zwerg war so freundlich, mir das Abenteuer mit sehr gelassenen Worten zu schildern. Er fand es gar nicht so aufregend – ich hingegen schon.
Hilfe, meine Alarmglocken schrillten! Die sechswöchige Frist war noch längst nicht eingehalten, es war gerade einmal die Hälfte der Zeit verstrichen. Da setzte der Hausherr noch eins drauf und machte den Vorschlag, Mimulus sogar noch vor Ablauf des empfohlenen Zeitraums nach draußen zu entlassen.

Sofort dachte ich an meine verschwundene Boo. Nein, ein zweites Mal wollte ich so einen Verlust nicht erleben! Zwerg versuchte, mich zu beruhigen, indem er Mimulus' Vorzüge pries. Sie war eine erwachsene, freiheitserfahrene Katze. Sie kannte das und intelligent war sie dazu. Außerdem konnte sie sich an Betty orientieren, die das Terrain beherrschte. Letztendlich ließ ich mich überzeugen und wir öffneten die Terrassentür. Mimulus nahm das Angebot dankend an und sauste beschwingt in den Garten. Ein paar Minuten spielte sie mit Betty, was mir wirklich große Freude bereitete. Genau das war es, was ich wollte!

Dann verschwand unser Tigermädchen hinter der dichten Hecke.

Verzweifelt rief ich ihren Namen, nichts passierte, Mimulus kam nicht. Innerlich löste ich mich auf und vollkommen resigniert würgte ich mit tränenerstickter Stimme nur noch folgende Worte hervor: „Jetzt ist die auch noch weg!"

Mein Mann blieb gelassen und siehe da: Er sollte Recht behalten! Mimulus wollte nicht abhauen. Nein – sie ging auf direkten Kollisionskurs. Nachbarskatze Mira beging den Fehler, unser Grundstück durch das Gebüsch zu betreten und Mimulus für genauso unterwürfig zu halten wie unsere sanfte Betty. Doch da hatte sie sich schwer getäuscht. In der Kürze der Zeit hatte unser kurz vorher noch so ängstliches Kätzchen beschlossen, das Grundstück furchtlos gegen Eindringlinge aller Art zu verteidigen. So viel war klar: Unser Garten war nun ihr Grund und Boden.

Von dem Moment an wirkte das klein geratene Katzenwesen deutlich aufgemunterter.

Mimulus genoss die gewonnene Freiheit und wollte ihren Beitrag zum Gemeinwesen leisten, indem sie das tat, was sie auf dem Bauernhof tun musste. Jagen! Und das konnte sie virtuos! Unzählige Mäuse brachte sie uns und keiner weiß, wie viele sie vorher noch fraß. Betty jagte auch ein bisschen, doch mit der geschickten Tigerin konnte sie nicht mithalten. Mimis Rekord lag bei acht Mäusen, die sie in einer Ecke unseres Gartens fein säuberlich übereinander getürmt hatte, und das bereits um neun Uhr morgens!

Ab und an fiel natürlich auch ein Piepmatz ins Beuteschema, doch das Verhältnis Vogel/Maus betrug in etwa eins zu hundert. Eine gesunde Maus erwischt fast jede Katze, einen gesunden Vogel kaum und ich hoffe sehr, dass folgender Vogel krank war.

Meine Schwiegermutter war zu Besuch und sie freute sich sehr über den Anblick eines Buntspechts im Nachbargarten, der dort eifrig einen alten Pflaumenbaum bearbeitete. Wann bietet sich einem schon die Gelegenheit, so etwas zu beobachten. Fasziniert betrachteten wir den wunderschönen Vogel. Offensichtlich hatten nicht nur wir, sondern auch Mimulus ein Auge auf ihn geworfen, allerdings aus völlig unterschiedlichen Beweggründen.

Am nächsten Morgen riss mich ein schrilles Geschrei aus dem Bad! Was war das denn? Ich preschte die Treppe hinunter und sah im Esszimmer den verhältnismäßig großen Specht in Mimulus' Maul, der Zeter und Mordio plärrte! Sie war sich natürlich keiner Schuld bewusst, zumindest bis ich ebenfalls zu schreien begann! Erschrocken ließ sie ihre Beute aus, wahrscheinlich meinte sie, dass wir uns über diesen kolossalen Fang mehr freuen würden als über mickrige Mäuse. Benommen torkelte der Specht unter die Eckbank, wo ich ihn tatsächlich fangen konnte und ihn in einen leeren Putzeimer verfrachtete, den ich mit einem Handtuch bedeckte. Mimulus suchte entgeistert das Weite. Mimulus konnte nicht verstehen, dass mir ihr Geschenk keine Freude bereitete.

Mein Tag war voll gestopft mit aushäusigen Terminen und verzweifelt suchte ich nach einer Lösung für das Dilemma. Zuhause konnte ich den verletzten Vogel auf keinen Fall lassen. Also rief ich mindestens zehn Tierarztpraxen an, ob sie den Vogel aufnehmen könnten, natürlich gegen Bezahlung. Die Begeisterung der Veterinäre hielt sich deutlich in Grenzen und mir lief die Zeit davon. Nach einer Stunde Telefonieren erbarmte sich endlich ein Tierarzt, zu dem ich umgehend fuhr. Da es mir so furchtbar pressierte, hinterließ ich den Specht im Eimer, zusammen mit meiner Adresse und zwanzig Euro Anzahlung in der ärztlichen Obhut und hoffte, dass er genesen würde.

Nachdem ich endlich abends daheim war, rief ich sofort in der Praxis an, um mich nach dem Specht zu erkundigen. Leider hatte er es nicht geschafft.

Gott sei Dank brachte Mimulus nie wieder einen Buntspecht.

Dafür versuchte sie es ein paar Wochen später mit einem weiteren, sehr speziellen Mitbringsel, worüber ich mich noch weniger freute.

Allen Ernstes kam sie mit einem Wiesel an!

Noch nie hatte ich dieses Tier in freier Wildbahn gesehen, geschweige denn in unserer Küche!

Entsetzt überschlug sich meine Stimme, ich wurde sehr laut und Mimulus merkte schnell, dass ein Wiesel ebenfalls nicht der Hit auf meiner Geschenkeliste war.

Betreten verzog sie sich mit ihrem Fang, den sie zum Glück auch nicht wiederholte.

Wir hegten bereits die leise Befürchtung, dass sie als nächstes eine Kuh durch die Katzenklappe zerren würde.

Doch meine hysterische Schimpferei hielt sie davon ab, noch größere Präsente anzuschleifen und sie beließ es nun bei den altbewährten Mäusen.

Und so freute man sich einerseits über diesen hoch motivierten Mitbewohner, der einem die Aufnahme ins Heim mit diesen üppigen Essensspenden danken wollte. Andererseits war das Auffinden der Opfer, ob tot oder lebendig, weniger wünschenswert. Besonders nachts bei einem Toilettengang ohne Licht – ein nackter Fuß, der einen Kadaver aufspürt, bäh! Zur Beseitigung der Mäuseleichen legten wir uns lange Greifzangen zu, die wir im ganzen Haus deponierten, um eine unkomplizierte Entsorgung vornehmen zu können. So trat die eine oder andere Maus ihren letzten nächtlichen Freiflug an. Schwuppdiwupp über den Balkon geschleudert, landeten die Tierchen meistens in unserer Hecke, worüber sich Aasfresser wie Schnecken freuen konnten. Manch ein Wurf ging natürlich daneben, denn mitten in der Nacht lässt die Feinmotorik doch zu wünschen übrig, so dass mein Mann das ein oder andere Mäuslein bei Tageslicht aus der Dachrinne fischen musste.

So lange man die Kadaver im Haus rechtzeitig auffand, war das kein großer Akt. Es gibt zwar schöneres, doch man kann sich damit arrangieren. Im Laufe der Zeit härtet man sogar etwas ab. Richtig fies wurde es erst, wenn man nicht gleich mitbekam, dass eine leckere Aufmerksamkeit abgelegt wurde, beispielsweise hinter oder unter dem Bett, wo man eben nicht täglich hinguckt. Auch wenn Tote nicht sprechen können, stinken tun sie beachtlich, und mögen sie noch so klein sein. Diese widerliche, süßliche, penetrante Ausdünstung! Schnüffelnd wie ein Hund bewegte ich mich mitunter durch unser Schlafzimmer, dem Lieblingsablageplatz für Mimulus Mitbringsel, auf der Suche nach der erbärmlichen Geruchsquelle.

Weitere Einzelheiten brauche ich wohl nicht zu schildern, vielleicht noch, dass Räucherstäbchen hilfreich sein können. Viel hilft manchmal doch viel und so kam es, dass unser Schlafzimmer von Zeit zu Zeit duftete wie ein indischer Tempel an einem Feiertag mit einem kleinen Hauch Maus im Hintergrund.

20 – Irgendwas ist immer

Mimulus war ein umtriebiges Kätzchen und dehnte ihre Exkursionen immer mehr aus. Einen ganzen Tag Streunen war nicht unüblich, doch man konnte sich darauf verlassen, dass sie wusste, wo ihr Zuhause war. Ohne Abendessen ging die Mimi nie ins Bett und unser Schlafzimmer war der Ort, wo die Katzen nachts am liebsten schliefen.

Mittlerweile kamen und gingen die beiden nach Belieben, da wir uns endlich dazu durchgerungen hatten, in die Türe vom Heizraum eine Katzenklappe einzubauen.

Eines Freitag abends kam Mimulus nicht.
Erneut durchlitt ich Höllenqualen, die schmerzhaften Erinnerungen an meine verschwundene Boo wurden wieder wach. Unruhiger Schlaf ließ mich immer wieder hochschrecken, ob das Tigerchen schon heim gekommen wäre, doch leider erfüllte sich meine Hoffnung nicht.

Am Samstagmorgen klapperte ich die Nachbarn ab, um sie zu bitten, in ihre Garagen und Keller zu schauen. Auch dieses Unterfangen war nicht von Erfolg gekrönt. Frustriert, in unguten Gedanken versunken, verbrachten wir den Tag, immer wieder das Karree nach Mimulus absuchend. Nichts. Keine Spur von ihr.

Das durfte doch nicht wahr sein, nicht Mimulus, diese gescheite Katze!
Sie war – im Gegensatz zur verträumten Betty – viel zu aufmerksam im Verkehr, als dass sie überfahren würde. Wo steckte sie nur? Mitnehmen konnte sie auch niemand. Dafür war sie zu scheu. Bisher durften nur ich und Bebi sie hochnehmen, selten mein Mann.

Eine weitere schlechte Nacht folgte.
Trübselig und bekümmert bereiteten wir am Sonntagvormittag unser Frühstück, als es klingelte. Besuch erwarteten wir nicht. Wer konnte das wohl sein?

Gespannt öffnete ich die Haustüre und stand Erich gegenüber, einem einhundert Meter entfernt wohnenden Nachbarn.
Unweigerlich hellte sich meine Miene auf.
Ja, tatsächlich, er hatte Mimi entdeckt!
Dieses neugierige Luder war doch tatsächlich in einem Raum im ersten Stock seines Hauses gelandet, zugänglich über eine Katzenleiter und

eigentlich ein Notzimmer für seine eigene Mieze. Die Klappe war hingegen eine Einbahnstraße. Es ging nur rein und nicht mehr raus. Dafür war in diesem Raum für Vollpension gesorgt, versehen mit Trockenfutter, Wasser und Katzenklo. Erich meinte, dass unsere Ausreißerin jeden Moment ums Eck kommen müsse. Er hatte ihr die Türe zur Freiheit geöffnet.

Doch nichts war von Mimulus zu sehen obwohl wir laut nach ihr riefen.

Nun war sie aufgetaucht und prompt wieder abgetaucht.

Zwerg unterhielt sich weiter mit Erich und ich beschloss, die Leckerlidose zu holen. Schütteln und rascheln konnte nicht schaden. Beim Blick in die Küche traute ich meinen Augen kaum! Mimulus war bereits in den Fressnapf vertieft. Nassfutter, mmmh, lecker.

Während wir an der Vorderseite unseres Hauses standen und Erich uns über die Lage in Kenntnis setzte, war Mimi längst hinter unserem Rücken – im wahrsten Sinne des Wortes – durch unsere Katzenklappe geschlüpft mit direktem Ziel, nämlich feuchtes Essen.

Freude und Erleichterung machten sich breit. Was war ich froh, unser Tigermädchen unversehrt begrüßen zu können.

Diese Geschichte endete relativ schnell sehr glücklich.

Betty machte es uns mit ihrem nächsten Erlebnis nicht so leicht.

An einem wunderschönen warmen Juniabend saßen meine Tochter und ich entspannt im Garten und unterhielten uns über dies und das, als unser Gespräch jäh durch ein lautes Hupen unterbrochen wurde. Sofort riss es uns aus den Sitzen und wir liefen mit einer bösen Vorahnung auf den Hof. Da sahen wir Betty in der Einfahrt liegen. Noch im Laufen rief ich nach ihr. Sie erwiderte mit einem jämmerlichen Maunzen.

Die arme Maus, sie kam nicht mehr vom Fleck!

Nun gesellte sich die Nachbarin dazu, nämlich die, die gehupt hatte. Die Dame, fast achtzig, ging an Krücken und hatte erst ihr Auto geparkt, um uns dann zu berichten, warum sie gehupt hatte. Als sie in Schrittgeschwindigkeit unsere Straße entlang fuhr, sah sie Betty direkt vor sich, wie sie sich nur mit ihren Vorderbeinchen über die Straße zog, den Hinterleib nach sich schleifend. Sie wollte uns mit dem Hupen alarmieren, was ihr ja auch gelang.

Oh mein Gott! Mir war nur noch schlecht! Meine geliebte Betty! Ganz vorsichtig nahm ich das zarte Katzenmädchen hoch, um es ins Haus zu tragen. Ab dem Becken abwärts gab es keine Reaktion. Alles hing schlaff und reglos herab. Furchtbar! Drinnen legte ich sie auf eine Decke und dann suchte ich fieberhaft nach einem vierundzwanzig Stunden Notdienst. Es war Samstagabend. Da hat natürlich keine Praxis mehr reguläre Sprechzeiten. Zwerg und Bebi redeten beruhigend auf sie ein.

Endlich! Eine Stimme am Telefon einer Notfallpraxis sicherte mir die Aufnahme zu. Vorsichtig legten wir Betty samt Decke in einen Wäschekorb und fuhren dorthin. Die aufnehmende Ärztin konstatierte einen Schock mit einhergehender Unterkühlung. Erst einmal müsse Betty wieder auf normale Betriebstemperatur kommen, bevor größere Untersuchungen gemacht werden konnten. Niedergeschlagen mussten wir unseren Liebling in der Tierklinik lassen, nicht wissend, was ihr tatsächlich fehlte.

Nach einer richtig schlechten Nacht rief ich sofort zur Telefonsprechstunde an. Der leitende Arzt klärte mich auf, dass Betty einen Beckenbruch erlitten hatte, was höchstwahrscheinlich die Folge eines Autounfalls war. Ein Beckenbruch bei einer Katze sei etwas, was ganz gut heilen könne, so viel zur guten Nachricht. Dafür kam nun die Schlechte…

Betty konnte nicht alleine pinkeln, also musste ihre Blase ausgedrückt werden. Dieser Zustand konnte vorübergehend sein, oder, falls bestimmte Nerven abgetrennt wurden, ein dauerhafter. Oh nein, bloß das nicht! Nun hieß es abwarten.

Leider durfte ich mein Tier nicht besuchen, mit dem Argument, wenn es seinen Besitzer sieht und dieser wieder geht, ohne es mitzunehmen, wäre der Effekt richtig entmutigend.

Täglich telefonierte ich mit dem Arzt, der nach drei Tagen äußerte, ich müsse mich mit dem Schlimmsten auseinandersetzen. Bettys Blase müsse nach wie vor künstlich geleert werden und da sie von alleine nichts fraß, wurde sie zwangsernährt. Das würde nichts mehr werden.

Ich brauche wohl nicht zu beschreiben, wie ich mich fühlte. Es war unerträglich! Tag und Nacht heulte ich und hatte kaum noch Kraft für etwas. Sogar die Grabstätte im Garten hatte ich schon ausgewählt. In meiner

Verzweiflung fuhr ich zu meiner Freundin Evi, der ich mein Leid klagte, gleichzeitig aber auch schilderte, dass ich Betty eben loslassen müsse.
Evi hatte kein Verständnis fürs Loslassen und bedrängte mich, diese Katze nicht aufzugeben. Nun war ich vollkommen durch den Wind. Es hatte mich alles so massiv Kraft gekostet!
Der Schock, der Schmerz, das Mitleiden, das Annehmen und das Loslassen.
Jetzt noch mal alles in die andere Richtung? Ginge das überhaupt?
Evi gab mir ein paar Tipps und dann telefonierte ich gleich noch mit meiner Freundin Angela, die Sepps Sterbeprozess begleitet hatte.
Als Information bekam ich auch von ihr: „Jetzt liegt es an Dir!"
Ja vielen Dank auch! An mir? Wie denn? Was denn?

Da fiel es mir wie Schuppen von den Augen und endlich wusste ich, was zu tun war!
Stundenlang wälzte ich mein homöopathisches Repertorium um das richtige Mittel für mein Katzenmädel zu suchen – und ich wurde fündig.
Pulsatilla, die Kuhschelle!
(Es würde zu weit führen, wieso und warum, deswegen lasse ich es einfach.)

Als ich am nächsten Tag wieder den Arzt anrief und er mir resigniert davon berichtete, dass es weiterhin keine Verbesserung bei Betty gäbe, fragte ich, ob ich ein homöopathisches Mittel bringen dürfe und man es ihr drei bis vier mal an diesem Tag ins Mäulchen tropfen könnte? Außerdem bat ich ihn auch, einen Stein, nämlich einen Wassermelonenturmalin, in ihre Box zu legen. Erfreulicherweise bejahte er – also nix wie hin.
Ich hatte eine sehr hohe Potenz von Pulsatilla gewählt, denn es gab nichts mehr zu verlieren.
Nun hieß es wieder abwarten bis zur Telefonsprechstunde am nächsten Tag.
Zwanzig Stunden nach Abgabe des Mittels in der Klinik und nach etwa drei Verabreichungen desselben rief ich dort mit sehr gemischten Gefühlen an.

Hopp oder Topp?!?

Vollkommen verblüfft schilderte der Tierarzt, dass die Patientin selbstän-dig Kot und Urin abgesetzt hatte! Das bedeutete, wir könnten sie nach Hause holen und sie bei uns pflegen, was für unser Sensibelchen Betty lebenswichtig war!

Telefonisch wurde ich im Vorfeld darauf hingewiesen, dass wir einen Meerschweinchenkäfig von etwa einem Quadratmeter bräuchten, den wir nur mit dem Nötigsten ausstatten durften, denn sie sollte sich so wenig wie möglich bewegen.

Schlafplatz, Futter, Wasser, Katzenklo – das war's.

Nachdem ich alle Punkte abgearbeitet hatte, fuhren wir nachmittags in die Klinik, um unseren Schatz abzuholen. Endlich, nach fast einer Woche, durfte ich mein Mädel wieder sehen! Betty begrüßte mich mit einem zärt-lichen Miau. Welch Wohlklang in meinem Ohr.

Sie war sichtlich froh, mich zu sehen und zu spüren. Dünn war sie gewor-den, denn sie hatte nichts gefressen. Nur was ihr mit Zwang hineinge-stopft wurde. Ohne zu zögern verzehrte sie die von mir mitgebrachte Vitaminpaste, was der Arzt mit einem ungläubigen Kopfschütteln quit-tierte. Von ihm hatte sie nichts angenommen. Er erklärte, dass sie nun richtig gutes Essen bräuchte und fünf bis sechs Wochen in dem kleinen Zwinger gehalten werden müsse, damit der Bruch gut verheilen könne. In meiner Euphorie hatte ich am Telefon verstanden, dass unserer Mieze lediglich zwei Wochen Käfiggenesung zuteil werden sollten und nicht fünf bis sechs! Sei's drum, dann halt länger als gedacht. In zwei Tagen sollte ich sie erneut in die Klinik bringen, zum Zwischencheck und in zwei Wochen zu einer weiteren Untersuchung. Alles klar!

Die Zeit daheim nutzte ich intensiv, um mich mit Betty zu beschäftigen. Der Käfig stand in Bebis ehemaligem Zimmer, direkt an der Balkontür, so dass die Katze einfach mal auf Hof und Straße schauen konnte. Akti-vitäten, wie etwa Wäsche zusammenlegen, verrichtete ich nun in diesem Raum, um Betty nahe zu sein. Zwei bis drei Stunden täglich war ich auch direkt mit meinem Arm im Käfig, um sie sachte zu massieren, zu strei-cheln oder sanft zu bürsten. Da ich ihr ja nicht meine Haare in den Käfig legen konnte, in denen sie so gerne knetete, gab ich einen von meiner Schwester mit Liebe gestrickten Schal hinein. Dieser bestand aus einer super flauschigen Wolle, die Betty gerne als Alternative zu meinem Haar annahm. Während ich Betty kraulte, versank sie tretelnd und sabbernd im Kuschelschal.

Dazu bekam sie bestes Futter, homöopathische Mittel und letztendlich legte ich natürlich auch Mineralien in ihre beengte Behausung, je nach Bedarf. Man merkte sehr schnell, ob sie einen Stein brauchte oder nicht, denn sie legte sich daneben oder sogar darauf. Im Falle sie brauchte ihn nicht, wich sie in die andere Ecke aus.

Betty liebte Blumen, deswegen stellte ich ihr eine kleine Sonnenblume im Topf neben ihre Behausung. Sogar Mimulus trug ihr Scherflein dazu bei, denn sie brachte die eine oder andere Maus, die sie vor Bettys Käfig legte. Es war entzückend.

In diesem, mit viel Liebe eingerichteten Wellnessbereich erholte sich unsere Verunfallte zusehends.

Die zwei Wochen bis zur nächsten Untersuchung vergingen schnell und so stellte ich Betty wieder in der Tierklinik vor. Erstaunt tastete der Arzt meine Mieze ab.

Zuerst lobte er ihren äußeren Zustand wie Fell und Gewichtszunahme. Vierzehn Tage im ‚Hotel Mama‘ oder eher ‚Hospital zur guten Katzenmutter‘ hatten wahre Wunder gewirkt. Bettys Fell glänzte seidig und sie hatte mittlerweile wieder Idealgewicht.

Dann ließ er sie aus dreißig Zentimetern Höhe auf den Boden springen! Erst dachte ich, der hat sie nicht mehr alle, denn ich befolgte daheim strikt seine Anweisung des absoluten Bewegungsverbots, und nun gleich ein Hopser aus dieser Höhe?!

Verdutzt bemerkte er, dass er bei ihr ‚keinen Schmerz provozieren könne‘. Hä? Nun verstand ich auch nichts mehr.

Der Tierarzt setzte Betty wieder in ihren Transportkorb und machte sich samt medizinischem Fachgefolge auf den Weg zum Röntgenraum. Ich blieb allein zurück. Nur das klägliche Maunzen meines Lieblings hallte noch in meinen Ohren.

Nach einer gefühlten Ewigkeit kamen alle wieder zurück in den Untersuchungsraum, bewaffnet mit den Röntgenbildern.

Jetzt aber bitte mal Tacheles! Was war denn nun los?

Ungläubig sah mich der Tierdoktor an und teilte mir mit, dass der Beckenbruch gänzlich verheilt war. Mit diesem Ergebnis hatte er nicht gerechnet.
Klar, Katzen haben phänomenale Selbstheilungskräfte, das ist bekannt.
Doch in dieser Geschwindigkeit, das konnte selbst er kaum fassen. Vor
allem nach den ersten Tagen in der Klinik, als wir alle dachten, Betty
müsse eingeschläfert werden!
Er machte mir als Tierhalterin große Komplimente, über die ich mich
natürlich sehr freute.
Doch noch viel mehr freute ich mich über die Genesung meines Lieblings.

Das war die Nachricht des Tages! Juhu!

Hatte ich nicht am Anfang verstanden, Betty müsse nur zwei Wochen im
Käfig bleiben?!?
Jetzt hatte sich ‚meine Prophezeiung‘ bewahrheitet, denn der Käfigzwang
wurde tatsächlich aufgehoben und die Miezekatze dürfe sich laut Arzt
nun im ganzen Raum bewegen.
Daheim angekommen, ließen wir sie aus dem Transportkorb. Skeptisch
guckte sie sich im Zimmer um. Man konnte ihr förmlich ansehen, dass
sie dem Braten nicht traute und sie argwöhnisch nach dem berühmten
Haken Ausschau hielt.
Letztendlich ging dann alles doch sehr schnell.
Innerhalb von zwei Tagen durfte sie zuerst das obere Stockwerk komplett
in Beschlag nehmen und da sie auf Bett und Sessel hopste, hielten wir es
für das Beste, ihr die komplette Freiheit zu geben. Also nichts wie raus!

Betty war so glücklich darüber.
Mit sichtlichem Genuss wälzte sie sich draußen auf den von der Sonne
gewärmten Terrassenplatten, schnupperte die heilende Sommerluft und
blinzelte uns dankbar an.
Auch ihre Psyche konnte sich durch diese Selbstbestimmung wieder
schnell erholen.

Ein anderes Erlebnis brachte mich ebenfalls an meine Grenzen.
Betty verschwand eines Tages unauffindbar.

Wieder einmal ging ich der gesamten Nachbarschaft auf den Keks und machte sie verrückt. Inständig bat ich alle, in ihre Garagen, Keller und Schuppen zu schauen, ob sie meinen Liebling vielleicht eingesperrt hätten. Alle Nachbarn nervte ich, bis auf einen.

Die bisher noch nicht erwähnten Becks, ein älteres Ehepaar, dessen Grundstück, nur durch einen Maschendrahtzaun getrennt, direkt an unsere Nordseite grenzt.

Täglich sah ich deren Terrassentür weit geöffnet und ging davon aus, dass sich unsere Betty dort sicher nicht befinden würde, denn mit einer ständig geöffneten Türe ist man ja nicht eingesperrt. Weit gefehlt.

Selbstverständlich vergoss ich Unmengen von Tränen. Meine Augen waren rot geweint. Verzweifelt dachte ich an Boo. Sollte ihre Schwester ebenso spurlos verschwinden?

Doch einen Hoffnungsschimmer hatte ich!

Irene, eine spirituelle Freundin, die mit Tieren kommuniziert, versicherte mir, dass sie spüre, Betty lebe noch. Gerne wollte ich ihr glauben.

Innerlich versuchte ich, mich auf meine Katze zu konzentrieren, ihr zu sagen, dass sie sich aus ihrem Gefängnis befreien soll, wo immer sie auch wäre.

Sogar meinen verstorbenen Kater Sepp setzte ich auf Betty an und bat ihn um Hilfe.

Geschlagene sechs Tage gab es keine Spur von meiner geliebten Katze.

Samstagabends um dreiundzwanzig Uhr klingelte das Telefon!

Ein Anruf um diese Uhrzeit birgt in der Regel nur Überraschungen. Verwählt, Scherzanruf oder wichtige Nachrichten.

Nachrichten können gut oder schlecht sein. Während ich zum Hörer griff, hoffte ich auf gute. Frau Beck, unsere Nachbarin, meldete sich und fragte, ob ich eine meiner Katzen vermissen würde. Na klar! Aufgeregt bejahte ich! Endlich ein Lebenszeichen von Betty?!

Ziemlich ernüchternd konstatierte die Anruferin, dass diese Katze tollwütig sein müsse, denn sie wäre wie ein wilder Derwisch im Zimmer herumgesprungen und sie sehe absolut keine Überlebenschance für dieses Tier! Hilfe! Was für eine Auskunft!

Bettys große Augen bestanden wohl nur noch aus vor Stress geweiteten, riesigen schwarzen Pupillen und jagten der Frau einen massiven Schreck

ein. Den größeren Schock hatte mit Sicherheit unsere naive Samtpfote, die vollkommen verwirrt und verzweifelt in einer ihr gänzlich fremden Umgebung nach einem Ausgang suchte.
Entsetzt waren alle Beteiligten – Katze und Ehepaar.
Betty kannte sich null aus, war dehydriert und halb verhungert.
Frau und Herr Beck hingegen wollten eben gemütlich schlafen gehen, während sie von unserer durchgedrehten ‚Bestie‘ unsanft an ihrem Schlummergang gehindert wurden.
Bei solch einem aufregenden Erlebnis zieht man schon mal die falschen Schlüsse.

Schnell beendete ich das Gespräch, denn wir wollten sofort nach unserer Vermissten sehen, ihr zu trinken und zu essen geben. Zwerg entdeckte sie zuerst im Funzellicht unserer Gartenlaterne. Tatsächlich, es war unsere liebe und geliebte Betty!
Kurz konnte er sie hochnehmen, doch was ihr offensichtlich noch wichtiger war als Liebe, Essen oder Trinken, das war die Freiheit! Sie war nicht zu halten und musste unbedingt ihren Freiheitsdrang ausleben, also ließen wir sie ziehen.

Auch wir waren von dem Ereignis aufgewühlt, gingen aber trotzdem um Mitternacht ohne unser Mädchen ins Bett. Natürlich konnte ich nicht einschlafen und so versuchte ich, mich mit ihr im Geist zu verbinden. Ich bat sie, wenigstens mal kurz vorbei zu kommen, um mir zu zeigen, dass es ihr gut geht. Allzu lange dauerte es nicht, bis sie mein Rufen erhörte. Endlich! Endlich war sie wieder bei uns!
Sie schnurrte und gurrte und ich freute mich aus tiefstem Herzen. Betty nahm ihren Stammplatz ein, der sich zwischen Zwergs und meinem Kopfkissen befand. Auf ihrem eigenen Kissen, ergänzt mit dem Kuschelschal, den sie schon in ihrem Unfallkäfig bearbeitete. Dort vergrub sie genüsslich ihre Krallen und man hörte ihr zufriedenes Schnurren, das Bände sprach.

Am nächsten Tag marschierte ich zu den Becks, mit einer Flasche Sekt im Gepäck.
Ich hielt es für notwendig, mich sowohl nach deren Befinden zu erkundigen, als auch in Erfahrung zu bringen, ob es irgendwelche Schäden gege-

ben hatte. Außerdem hielt ich eine Entschuldigung wegen des Schrecks für angebracht.

Den Nachbarn ging es gut und zerbrochen war auch nichts, obwohl unser ‚tollwütiges' Tier so unbändig randaliert hatte.

Ungefragt hatte unsere neugierige, gleichzeitig aber etwas einfältige Katze fremdes Territorium betreten und sich sage und schreibe sechs Tage versteckt.

Wahrscheinlich im Keller.

Auf meine Frage, ob irgendwo im Haus Geschäfte verrichtet wurden, hieß es, sie hätte im Untergeschoß Pipi gemacht und zwar in eine Plastikschale, in die man nasse Schuhe abstellt.

Sogar in einem fremden Haushalt wusste sie noch, was sich gehört. Die kleine Lady benutzte eine Schale und nicht den Teppich.

Letztendlich war ihre Not so groß und vielleicht hatte sie auch meine flehentlichen Bitten vernommen, dass sie nach sechs Tagen ohne Futter und Wasser endlich den Vorstoß ins Erdgeschoß des fremden Hauses wagte.

Mimulus war dieses Mal nicht mehr ganz so angetan vom Wiederauftauchen ihrer Kameradin.

Sie hatte sich mit der Einzelbehandlung ziemlich gut arrangiert. Jetzt musste sie die Streicheleinheiten wieder teilen.

In absehbarer Zeit würden beide noch mehr teilen müssen.

21 – Nelson

Die Geschichte mit den beiden Katzendamen spielte sich ein. Sie vertrugen sich gut. Allerdings würden sie nie beste Freundinnen werden. Gemeinsames Fressen aus einem Napf stellte kein Problem dar. Sie fauchten sich nicht an und lebten unspektakulär friedlich neben einander her.

Grundsätzlich begrüßten wir diesen Zustand, doch irgendetwas schien zu fehlen.
Im Leben ist es in der Regel so, dass die Gelegenheiten sich bieten, wenn man sie braucht. Manchmal nutzt man sie, manchmal verpasst man sie. Uns bot sich nun eine an.

Das Telefon klingelte.
Hallo?
Ah, du Christel!
Was? Babykätzchen? Sepp dabei???!!!
Ich komme!

Christels Katzendame hatte einen Wurf mit vier entzückenden Babys, den ich unter die Lupe nehmen sollte, falls unser geliebter Kater Sepp noch einmal auf diese Welt kommen wollte. Ich hatte die Vorstellung nie aufgegeben, dass seine große Katzenseele erneut einen Weg zu uns finden könnte und das hatte ich Christel gegenüber einmal geäußert. Als ihre Mieze Mama wurde, dachte sie sofort an mich. Unverzüglich machte ich mich auf den Weg zu ihr, ganz aufgeregt, in der Hoffnung, unseren unübertrefflichen Kater wieder in die Arme schließen zu können!
Leider erfüllte sich diese Hoffnung nicht. Sepp war sicher nicht Teil des Wurfes.
Wie ich das behaupten kann? Das weiß ich auch nicht, aber auf mein Gefühl ist Verlass.

Zwei Katzenbabys waren Glückskatzenmädchen, die anderen beiden schwarze Katerchen. Eines der beiden Katerchen interessierte sich ungemein für meinen nackten Zeh, der aus meiner Sandale lugte. Eine Weile spielten wir liebevoll miteinander und ich machte Fotos für meinen Mann.

Als ich ihm daheim die Bilder zeigte, meinte er nur, er möchte diesen Kater. Dieser erinnere ihn an unseren Waschti und wir wären ohnehin sehr frauenlastig, etwas männliche Verstärkung wäre ihm sehr recht. Aha! Da war ich platt. Damit hatte ich nun überhaupt nicht gerechnet! Also gut, an mir sollte ein Neuzugang sicher nicht scheitern.

Mehrmals besuchten wir den kleinen, bisher noch namenlosen Kater, bis wir ihn an einem Freitag im August um genau zehn Uhr abholen sollten. Christel hatte den Abholtermin in einer schamanischen Reise eingeholt, worüber der ein oder andere sicher müde lächeln wird. Dafür kann ich sogar Verständnis aufbringen. Doch merkwürdige Angelegenheiten spielen immer eine große Rolle, denn sie sind würdig, sie sich zu merken. Bei den gelegentlichen Besuchen im Vorfeld fielen uns mehrere Dinge auf. Der Kleine war ein richtiger Racker, unglaublich temperamentvoll und gleichzeitig sehr lieb. Dazu hatte er einen Nabelbruch, die kleine Beule am Bauch war deutlich zu fühlen. Damit hatte ich bisher noch keine Erfahrungen gemacht. Das würde sich meine Tierärztin ansehen müssen.

Besagter Freitag zog ins Land und wir waren zehn Minuten vor zehn bei Christel. Zehn Wochen war das Bürschlein nun – eigentlich ein wenig zu früh. Besser ist es, die Kitten drei Monate bei der Mama zu lassen. Doch dieser Kater war so ungestüm und so gut entwickelt, dass, laut Christels Aussage, die eigene Mutter ihn ersichtlich loswerden wollte.
Deswegen staunten wir nicht schlecht, als wir in die Kinderstube marschierten. Innig umschlungen lag das schwarze Fellknäuel in den mütterlichen Pfoten, genussvoll an der Milchbar saugend. Oh nein, war die Abnabelung doch zu früh?
Da schlug die Kirchturmuhr gegenüber unüberhörbar zehn Uhr, der Kleine dockte ab und stand auf, den Blick erwartungsvoll auf uns gerichtet.
Mein Mann nahm ihn hoch, es sollte schließlich ‚sein‘ Kater sein, und streichelte ihn ausgiebig. Vollkommen unproblematisch reiste er in der Transportbox, die mein Mann auf seinem Schoß hielt, mit uns nach Hause. Während der ganzen Fahrt miaute Katerchen kein einziges Mal. So eine entspannte Fahrt gab es ja noch nie.

Zuhause angekommen nahm das Kerlchen die neue Umgebung absolut selbstsicher in Beschlag. Man konnte das Gefühl bekommen, dass er schon immer da war.

Nun kamen unsere beiden Damen ins Spiel, die, wie man sich vorstellen kann, mehr als skeptisch dem jungen Wilden brummige Beachtung schenkten. Definitiv fanden sie ihn erst einmal so widerwärtig, dass sie das Haus verließen, nur noch auf der Terrasse aßen und gemeinsam auf der Hollywoodschaukel nächtigten. Betty und Mimulus waren, wie schon erwähnt, keine Busenfreundinnen, doch in Bezug auf den kleinen Kater waren sie sich einig. Nichts wie weg!

Selbst ich hatte so eine ungestüme Energie noch nie bei einem Tier erlebt. Egal welches Spiel wir mit ihm spielten: Er war nicht kaputt zu kriegen. Angeln bis zum Umfallen, aber nicht das Katerchen fiel um, sondern wir! Den Kratzbaum bearbeitete er rauf und runter und die mit Filz bezogene Spielmaus, die daran mit einem Gummi befestigt war, häutete er gnadenlos. Kein Insekt im Haus war vor ihm sicher. Unermüdlich war er in Bewegung.

Aber in seinen wenigen Schlafpausen war er dafür zuckersüß, schmusig und liebevoll.

Was für eine Mischung.

Schnell wie Nelson Piquet, freundlich wie Nelson Müller und der Freiheit verschrieben wie Nelson Mandela. Drei tolle Nelsons, die unserem Kater Namenspaten waren und so konnten wir ihn nach langer Suche endlich taufen.

Auch mit dem schicken Namen fanden Betty und Mimulus noch nicht wirklich Gefallen an ihrem neuen Kollegen. Seine Dynamik fanden sie ausnehmend befremdlich.

Selbstverständlich wollten wir Nelson auch einige Wochen im Haus lassen, was im warmen August eine gewaltige Herausforderung war. Lüften war nur möglich, sofern man ihn in ein anderes Zimmer sperrte. Wenn jemand an der Tür klingelte musste man fürchterlich aufpassen, dass er nicht nach draußen flitschte und die Katzenklappe ließ die Mädels nur rein und nicht hinaus, was bedeutete, die beiden extra bedienen zu müssen.

Eines schönen Tages saßen wir auf der Terrasse und wollten entspannen. Doch der Blick hinter uns ins Wohnzimmerfenster war unerträglich. Nelson turnte ungehalten und verzweifelt auf der Stuhllehne herum und maunzte jämmerlich, als er uns im Freien sah. Er war nicht mehr zu beruhigen. Da hatte ich eine Idee, eine vollkommen bescheuerte noch dazu. Ich ging ins Wohnzimmer, ergriff den Kleinen, setzte ihn in den Transportkorb und nahm ihn mit nach draußen. Wenigstens konnte ich so ein paar Minuten durchlüften.

In diesem Gefängnis fühlte sich Nelson natürlich überhaupt nicht wohl und er führte sich darin auf wie bekloppt – verständlicherweise. Bis heute kann ich nicht sagen, was ich mir von dieser bescheuerten Aktion versprochen hatte. Mit fünfzig Jahren müsste man schon wissen, was man da tut. Jedenfalls hatte das zur Konsequenz, dass wir aufgaben und den Kater in die Freiheit entließen. Er wäre nicht mehr zu halten gewesen.

Aufgeweckt und überaus interessiert erkundete er umgehend den Garten. Es war die reinste Freude, ihn dabei zu beobachten. Betty und Mimulus fungierten allerdings vorerst noch als Spaßbremsen.

Niemals vergessen wir Bettys angewiderten, ja zutiefst verachtenden Gesichtsausdruck, als der Wildling ihr einmal aus reinstem Übermut von hinten unvermittelt ins Kreuz sprang. Für solche albernen Eskapaden brachte sie keinerlei Verständnis auf.

Was erlaubte sich dieser ungezogene Rüpel!

Nelson dagegen fand, dass die graufellige Madame durchaus ein lohnendes Ziel war und so etwas wie Schuld existierte für ihn nicht. Da war er meinem Mann ähnlich.

Tatsächlich erinnerte mich Betty an eine feine, adlige Dame in Stöckelschuhen, wenn sie mit ihren kleinen vornehmen Schrittchen etwas x-beinig vor einem her trabte.

Mimulus dagegen bot einen komplett anderen Anblick. Statt hoher Hacken trug sie praktische derbe Gummistiefel und ihre O-Beinchen, sprich ihre kurzen, etwas breit auseinander stehenden Hinterläufe, waren prima gemacht für die raue Feldarbeit.

‚Adel meets Odel‘ – treffender ist kein Vergleich.

Und so zog unsere bäuerliche Mieze los und holte instinktiv eine Menge Mäuschen, die sie Nelson überließ, damit er das Jagen lernte. Mimi war ja bereits eine Jägermeisterin, doch mit Nelson steigerte sich das Ganze enorm.

Der Mausfangazubi tat kaum noch etwas anderes. Mit fünf Monaten brachte er uns die erste Ratte. Begeistert feierte er seine Erfolge. Unser Enthusiasmus hielt sich eher in Grenzen.

Tatsächlich gab es so gut wie keinen Tag, an dem er nicht mindestens ein Opfer ablieferte. Es war furchtbar nervig. Überall im Haus fanden wir Tierkadaver und das in jedem nur erdenklichen Aggregatzustand. Am schönsten zum Entsorgen waren die vollständigen toten Tiere. Darauf folgten in der Rangliste halbe tote Tiere, entweder nur das Vorderteil, oder eben das Hinterteil. Einzelne Köpfe waren möglich, einzelne Schwänzchen, getrocknete Mägen.

Am unleckersten waren komplett erbrochene Kadaver, am besten noch auf dem langflorigen Teppich im Schlafzimmer. Nach den (meist) nächtlichen Massakern kroch Nelson stolz und gleichzeitig vollkommen unschuldig zu uns ins Bett.

Das war dann sogar für mich ein bisschen viel.

Durch dieses kooperative Hobby freundete sich Mimulus mit dem Katerchen an. Sie spielten gemeinsam Fangen und Verstecken und lagen sogar nebeneinander auf dem Sessel oder auf der Couch. Diese Entwicklung wiederum fand ich ganz wunderbar.

Zudem eroberte er mit seinem Charme, den hatte er absolut, sogar unsere spröde, abweisende Betty. Unermüdlich wanzte er sich an sie ran, im wahrsten Sinne des Wortes Millimeter für Millimeter. Freundlich gurrte er wie ein Täubchen und irgendwann erlag auch sie ihm. Das Allerbeste daran war, dass Nelson eine Verbindung zwischen allen schaffte. Er war der fehlende Akkord zur gemeinsamen Harmonie. Diese neue Eintracht zwischen den drei Katzen ließ mich großmütig über die unerschöpflichen Jagdtrophäen samt Entsorgung hinwegsehen.

Besonders amüsant war, dass alle drei manchmal kaum laufen konnten, ohne sich pausenlos und gleichzeitig zu dehnen. Genüsslich streckten sie abwechselnd ihre Hinterläufe aus und boten mit dem entspannten Herumeiern einen überaus drolligen Anblick.

Mit großer Freude erinnere ich mich auch an die winterlichen Fangspiele. Mein Mann bahnte mit der Schneeschaufel ein Labyrinth in den verschneiten Garten. Dort lauerten sich die Drei gegenseitig auf, balgten sich im Schnee und jagten die Wege entlang. Gemeinsam mit den Katzen in der weißen Pracht zu spielen, das war einfach toll!

Besonders einfallsreich verwertete er übrigens seinen ersten bereiften Niederschlag.
Bürste schwingend stand ich in der Küche am Spülbecken und beobachtete amüsiert den schwarzen Kater durch das Fenster, wie er den weißen, kalten Teppich erkundete.
Verzückt spielte er eine ganze Weile mit dem ihm neuen, ungewöhnlichen Material. Mal hüpfte er darauf herum wie ein kleiner Geißbock, mal erforschte er schnuppernd die eisige Konsistenz. Nach einer guten Weile war der Entdeckungsdrang offensichtlich befriedigt und Nelson setzte sich unerwartet hin, in die berühmte Katzenhocke und machte einfach sein Häufchen mitten in den Garten! Die Farbe des Schnees erinnerte ihn wohl an die helle Einstreu in seinem Katzenklo. Gewissenhaft scharrte er die vermeintliche Streu um seinen Haufen und versuchte diesen damit abzudecken, was ihm sogar einigermaßen gelang.
Bei diesem Anblick konnte ich mich vor Lachen kaum noch halten.

Die kalte Jahreszeit mit den Winterspielen war vorbei und der Frühling zog ins Land.
Mit neun Monaten war die Zeit für Nelsons Kastration gekommen. Außerdem musste endlich sein Nabelbruch operiert werden. Maria, meine verlässliche Tierärztin, führte beides in einem Zug fachmännisch aus.
Kastriert, operiert, gechipt und zur Abnahme bereit.
Die ganze Aktion verlief vollkommen problemlos.
Alles verheilte wunderbar und die drei Miezen liebten sich.

Und wie so oft in meinem Leben, wenn es besonders schön war, dann lauerte der nächste Schicksalsschlag.

Vier Wochen nach der Operation kam Nelson nicht nach Hause.

An diesem Vormittag bemalte ich Pflastersteine mit Engeln, insgesamt sieben Stück. Zwischendurch ging ich immer wieder aus dem Haus, rief nach ihm, schüttelte mit der vertrauten Leckerlidose. Keine Reaktion.

Mittags ging ich zu Martha und Jurek, die eben erst nach Hause gekommen waren. Ich bat sie, in Schuppen und Garage zu sehen, ob er dort versehentlich eingeschlossen war.

Keine Spur von ihm.

Von dort überquerte ich die Straße, um einen Blick auf die angrenzenden Bahngleise zu werfen. Ich sah nach rechts und alles war gut. Mit tiefster Überzeugung, dass auch mein Blick auf die linke Seite nur der pflichtbewussten Kontrolle dienen würde, dass alles in Ordnung wäre, zog es mir fast den Boden unter meinen Füßen weg.

In einiger Entfernung nahm ich ein schwarzes Etwas am Gleisrand wahr!

Bitte, bitte nicht!

Mit wackeligen Beinen näherte ich mich dem Punkt.

Es war unser Nelson, eindeutig, kein Zweifel daran. Ohne äußere Verletzung lag er da, wie im Sprung eingefroren. Erschüttert blickte ich unseren Kater an, dieses lebhafte agile Wesen, nun reglos am Bahndamm liegend. Die Tränen strömten aus mir heraus und ich kroch niedergeschmettert nach Hause, um meinem Mann die grausame Nachricht zu überbringen.

Fassungslos nahm er die Worte auf.

Gemeinsam gingen wir zum Bahnhof.

Beim Anblick des toten Katers sprachen wir gleichzeitig einen Satz.

Meiner lautete: „Jetzt mag ich nimmer!"

Der meines Mannes dagegen: „Das kann es nicht gewesen sein!"

So holten wir unseren so lieb gewonnenen Buben nach Hause und legten ihn auf die Terrasse, bis Zwerg das Grab für ihn ausgehoben hatte.

Mimulus strich um ihren toten Freund, Betty dagegen ließ sich nicht blicken.

Erst nach der Beerdigung tauchte sie wieder auf und geisterte um sein Grab.

Einer der Engel, den ich vormittags auf einen Stein gemalt hatte, zierte Nelsons letzte Ruhestätte. Wir waren alle unfassbar traurig, diesen liebenswerten Lümmel verloren zu haben. Viele Tränen wurden vergossen und im Nachhinein wurde uns klar, warum der junge Kater so überaktiv war, denn er wusste wohl, dass er in diesem Leben nur sehr begrenzt Zeit haben würde.

Drei Tage nach seinem Tod träumte ich von ihm, wie ich ihn liebevoll im Arm hielt, auf der roten Couch in Bebis ehemaligem Zimmer. Mir war träumend klar, dass er tot war und dankbar für dieses Zeichen. Dann wand er sich aus meiner Umarmung und ich wusste, es war Zeit für ihn, zu gehen.
Es war ähnlich wie bei Sepp, von dem ich ja auch nach seinem Tod träumte.

Am darauffolgenden Vormittag saß ich im Büro und arbeitete. Unterdessen bemerkte ich aus dem Augenwinkel, dass Mimulus im angrenzenden Gang mit etwas im Maul zielstrebig an mir vorbeihuschte, strikten Kurs auf Bebis Zimmer nehmend.
Sofort sprang ich hoch, um zu sehen, was sie da schon wieder anschleifte.
Na klar, eine Maus!
Aber wieso lief sie gerade in dieses Zimmer?
Schnurstracks verschwand sie unter der roten Couch, legte das Mitbringsel dort ab und entfleuchte, um sich meine Scheltrede nicht länger antun zu müssen.
Schimpfend und maulend machte ich mich auf den Weg nach der Greifzange, um den toten Nager zu entfernen. So quetschte ich mich bäuchlings flach auf den Boden zwischen Tisch und Sofa, um mit der Zange die unerwünschte Gabe herauszufischen.
In dem Moment, in dem ich das Mäuslein unter dem Möbel herauszog, schepperte es Knall auf Fall – im wahrsten Sinne des Wortes!

Hui, was war denn das?
Erschrocken rappelte ich mich vom Boden hoch – immer noch mit der Maus an der Zange – sah mich im Raum um und traute meinen Augen kaum. Ein von mir gemaltes Bild, das einen Lichttunnel darstellt, war aus drei Meter Höhe von seinem Nagel geflogen und mit Karacho auf dem Boden gelandet!
Wirklich, es hing an der Wand über der geschlossenen Balkontüre, von der die Couch ein gutes Stück entfernt ist.
Eigenartige Dinge hatte ich schon viele erlebt, aber das war richtig abgefahren!

Mimulus hatte ihrem geschätzten Gefährten für den Übergang wohl etwas Proviant in Form einer Maus mitgeben wollen. Offensichtlich nahm er das Geschenk an und segelte gestärkt durch den Lichttunnel in die nächste Dimension.

Wenige Wochen später rief mich Lina an und teilte uns niedergeschlagen mit, dass unser ehemaliges Pferd Paddy ebenfalls das Zeitliche gesegnet hatte.
Wenigstens hatte dieser mit Ende zwanzig ein halbwegs stattliches Alter erreichen dürfen.

22 – Katzenvogel

Ohne Nelson herrschte eine desolate Stimmung im Haus.
Beide Katzendamen trauerten um ihren geliebten Gefährten und wir mit ihnen.
Das einzige was ich nicht vermisste, waren die vielen Opfer, die er zuhauf anschleifte.

Vielleicht erinnert sich der ein oder andere an den Satz, den mein Mann sagte, als wir Nelson tot am Bahnhof betrachteten. Er bemerkte: „Das kann es nicht gewesen sein!"
Und obwohl ich eigentlich nicht mehr mochte, dirigierte mich eine unsichtbare Kraft wieder in den Katzensuchmodus.
Nun kann man mit Fug und Recht behaupten, dass ich nicht mehr alle Latten am Zaun, nicht mehr alle Murmeln im Glas, beziehungsweise nicht mehr alle Tassen im Schrank habe.
Ja! Na klar! Ich habe einen Vogel! Einen Katzenvogel!
Irgendwas in meinem Hirn setzt aus. Dafür hat das Herz umso mehr zu tun.
Wenn es schmerzt, dann kann man dem Schmerz nur mit ganz viel Liebe begegnen.
Denn Liebe vergeht nie! Alte bleibt und Neue darf immer kommen, sonst versagt man sich und anderen Lebewesen das Liebeswesen.

So dauerte es nicht lange, bis ich in einem elektronischen Anzeigenportal auf ein schwarzes Katerchen am Ammersee stieß. Zu meiner großen Freude war es ein Britisch Kurzhaarmix. Mama Britin, Vater unbekannt, Preis einhundertfünfzig Euro.
Schwarz und Kater, das wollte mein Mann. Britisch Kurzhaar, das wollte schon lange ich.
Ein Kompromiss der besonderen Art. Sollte er doch was kosten, der kleine Katzenprinz.
Dieses Mal fuhren wir zu dritt hin. Zwerg, Bebi und ich.
Wir sahen den kleinen Schatz und ich war hin und weg, schockverliebt sozusagen.
‚Herzensöffnerkätzchen' nenne ich so ein entzückendes Wesen.

Auch mein Mann war begeistert und im Grunde war damit alles klar. Man unterhielt sich über die Haltungsbedingungen und offensichtlich waren wir geeignete Käufer. Obwohl die Besitzerin einen sehr höflichen und zuvorkommenden Eindruck machte, fand ich die Stimmung doch ein wenig befremdlich. Die Katzenmama war mit ihren drei Babys in einem ausnehmend großzügigen Raum im Souterrain untergebracht. Kratzbaum, Futter, Spielzeug, an alles war gedacht. Doch ich spürte, dass zwischen der Frau und den Tieren das gewisse Etwas fehlte. Es war keine Verbindung da, keine Herzensbindung. Sowohl räumlich als auch emotional waren sie isoliert und ich spürte kein Miteinander. Beim Streicheln der Katzenmutter wies mich die Halterin darauf hin, dass diese das gar nicht möge.

Okay, dann eben nicht. Verdutzt nahm ich die Hand weg.

Mit dem kleinen Wesen und viel Liebe würde das bestimmt anders werden.

Nach dem Geburtsdatum fragend zeigte sich die nächste Ungereimtheit. Die Babys waren erst sechs Wochen alt! Man konnte die doch noch nicht weggeben! Entgeistert konstatierte ich, dass ich den Kleinen nicht unter zehn Wochen nach Hause nehmen würde.

Als ich das Kitten hochnahm, um mich zu vergewissern, dass es auch ein Kater sei, stellte mein geschulter Blick unters Höschen allerdings fest, dass es ein Blick unters Röckchen war, also eindeutig ein Katzenmädchen. Unglaublich, wie oft das falsch bestimmt wird. Die beiden gestreiften Geschwister der nun schwarzen Prinzessin waren ebenfalls nicht das Geschlecht, das von der Besitzerin und auch angeblich deren Tierärztin bestimmt wurde.

Auf einen Schlag war meine Vorfreude wie weggeblasen, denn Zwerg wollte unbedingt einen Kater – drei Damen waren ihm einfach zuviel! So hoffte ich inständig auf liebevolle künftige Besitzer und die Einsicht der Verkäuferin, mindestens noch vier Wochen mit der Vermittlung zu warten.

Bekümmert und enttäuscht ließ ich mein Herzensöffnerkätzchen wegen des falschen Geschlechts zurück. Nie würde ich diesen Blick vergessen, der mir herzzerreißend sagte:

„Nimm mich doch mit! Bitte!!!"

Es half alles nichts. Wir fuhren ohne das zauberhafte Fräulein heim. Zuhause stöberte ich weiter in den Annoncen, wobei ich wehmütig immer wieder das Inserat mit dem Ammerseemädchen aufrief, denn ich musste fortwährend an den kleinen Schatz denken. Mich erbarmte der Katzenwurf dieser kurzsichtigen Frau, die schlichtweg überfordert war mit ihren vier Kindern und den Katzen.

Zwei Wochen nach dem Besuch am Ammersee stolperte ich unerwartet über eine andere, äußerst interessante Anzeige. Beim Lesen derselben dachte ich, mich tritt ein Pferd!
„Kleiner schwarzer Kater mit Nabelbruch sucht neues Zuhause"
Das gab es doch nicht!
Nie in meinem Leben, bis auf Nelson, hatte ich eine Katze mit Nabelbruch und jetzt zwei schwarze Kater mit Bruch hintereinander?
Sollte er sich auf diese Art und Weise wieder zu uns gesellen wollen? Echt ominös...
Außerdem: Wer preist eine Katze schon mit einem Makel an?
Ein kurzes Telefonat mit der Anbieterin und alles war geritzt. Samstagmittag machten wir uns auf den Weg ins benachbarte Schwaben, um das elf Wochen alte Katerchen anzusehen. Wieder einmal war es ein Tier aus einem Bauernhofwurf, gefunden von einem guten Menschen und zur Vermittlung ins eigene Heim geholt. Ein charmantes Kerlchen, noch ein bisschen scheu und nervös. Bestimmt weil der flegelige Sohn der freundlichen Vermittlerin dem armen Tier in der Wohnung blindlings hinterherjagte, um es zu fangen. Das fand ich richtig schlimm. Nun, sei's drum.

Zwerg fand den kleinen Kater richtig gut und wir zahlten sage und schreibe zehn Euro Ablöse. Dieses Mal saß der große Mann am Steuer und ich hatte den kleinen Mann in der Transportbox auf dem Schoß.
Es war eine furchtbar anstrengende Fahrt.
In einer Tour strudelte der Kater in seinem Behältnis herum, wobei er flehentlich weinte. Kapitulierend vor seinem Gejammer ließ ich ihn raus und er wand sich den Rest der Fahrt, die insgesamt eine Stunde dauerte, in meinen Händen. Sein Vorgänger war beim Autofahren deutlich pflegeleichter.

Daheim angekommen passierte etwas, das ich mir bis heute nicht rational erklären kann.

Zuerst einmal durfte der kleine Bursche sich im Haus umsehen, na klar.

Interessiert guckte er sich um, beschnupperte alles und versenkte sein Köpfchen schnell im noch gefüllten Napf von Betty und Mimulus.

Währenddessen setzte ich mich an den Esstisch und öffnete erneut das Anzeigenportal, in dem ich wie von Zauberhand auf das Inserat mit dem entzückenden Ammerseekätzchen stieß! Immer noch wurde sie angepriesen, als letzte aus dem Wurf sozusagen. Etliche Tage vorher war mir aufgefallen, dass ihre Britisch Kurzhaar Mama verkauft werden sollte und obendrein ein Ragdoll Kater, alles von derselben Anbieterin! Diese Anzeigen waren nun nicht mehr online und ich reimte mir zusammen, dass sowohl beide erwachsenen Tiere als auch die Geschwister bereits verkauft waren.

Vermutlich wollte die ‚Züchterin‘ mit den beiden Rassekatzen einen Edelmix kreieren und ihn gewinnbringend verkaufen. Indes zog die graue Britendame einen dahergelaufenen Durchschnittskater dem Ragdollmännchen vor und vorbei war es mit den hohen Preisen. Um dem Fiasko ein Ende zu bereiten, verkaufte sie kurzfristig alle Tiere, weil sie gemerkt hatte, dass die Aufzucht mehr Stress machte als gedacht.

Irgendwas lief bei dieser Familie ganz schön schief…

Tief berührt betrachtete ich immer noch das Bild mit dem schwarzen Kätzchen.

Noch nicht mal acht Wochen alt, keine Geschwister mehr und mutterlos. Das arme Mäusel!

Ferngesteuert, wie unter Zwang, griff ich zum Telefon, rief dort an und erkundigte mich nach der Kleinen. Ja, sie wäre noch zu haben und die Dame würde sie mir sehr gerne veräußern.

Kurzerhand sagte ich zu! Diese Katze gehörte zu mir!

Mein Mann hatte für die flüchtige Dauer dieses magischen Zeitfensters offenbar keine Chance, diese fragwürdige Aktion zu stoppen. Als ich ihm sagte, ich müsse dieses Wesen postwendend holen, saß er wehrlos am Tisch und ließ erst einmal alles unkommentiert über sich ergehen. Da geschah das Wunder.

Mein Mann, der kein weiteres Weib im Hause wollte, lehnte nicht ab.

Nein, er stimmte sogar zu!!!

„Dann fahr halt los und hol sie", sagte er leise.

Das ließ ich mir nicht zwei Mal sagen! Offen gestanden, ich wäre auch ohne sein Einverständnis gefahren, doch diese Variante war mir natürlich lieber.

Schnell überprüfte ich den Inhalt meines Geldbeutels, da ich ja wusste, dass die Frau einhundertfünfzig Euro für den Britisch Kurzhaarmix wollte.

Mann und Kater überließ ich der Obhut des Hauses und machte mich ohne weitere Umschweife auf den Weg zu meinem Herzensöffnerkätzchen. Zwanzig Minuten später stand ich bei der Anbieterin auf der Matte. Sie öffnete die Türe. Eines ihrer vier (noch relativ kleinen) Kinder hatte die winzige schwarze Schönheit auf dem Arm und übergab sie mir.

Missy.

Das war der erste Name, der mir bei ihrem Anblick einfiel. Wahrscheinlich, weil ich sie so vermisst hatte seit unserer Begegnung vor zwei Wochen. Wie und warum auch immer ich es anstellte, handelte ich den Preis de facto noch um fünfzig Euro herunter. Und so verließ ich diesen Ort mit einem Hunderter weniger, dafür mit einer Katze mehr!

Jetzt hatten wir also vier Katzen und mir haute es den Vogel raus.

Meinen Katzenvogel, der laut zwitscherte, gackerte und gluckste.

Ein Nachmittag, zweihundert Kilometer, vier Stunden.

Einhundertzehn Euro weniger, zwei schwarze Miezen mehr, durchschnittlich also fünfundfünfzig Euro pro Tier. Wenn das mal nicht ein Schnäppchen war an diesem aufregenden Tag.

Glücklich parkte ich vor unserem Haus mit dem unvermittelten Neuzugang im Gepäck.

Zwerg samt Katerchen erwartete uns neugierig, von Betty und Mimulus war nichts zu sehen. Bestimmt erahnten die beiden schon das Chaos, das auf uns alle zukam, und gingen vorsorglich auf Tauchstation.

23 – Zwei Kleine und zwei Große

Missy fand mein Mann nicht gut.
Also diesen Namen mochte er gar nicht für die kleine Katze.
Maja vielleicht?
Besser, aber da ging doch sicher noch was…
Für das Katerchen hätte ich Samson schön gefunden, doch Zwerg bestand weiter auf Nelson.
In vielem erinnerte er an die erste Ausgabe, in manchem nicht.

Jedenfalls war der Bub sehr einfühlsam und wanzte sich an das Mädchen heran, wie einst der erste Nelson an Betty. Die kleine Ammerseeprinzessin war nämlich heftig unterwegs.
Heftig, im Sinne einer kratzbürstigen Abwehrhaltung ihm gegenüber, gepaart mit einem so schroffen und tiefen Grollen, das man bei solch einem winzigen Wesen nie vermuten würde. Aus welchen Tiefen ihres kleinen Körpers sie dieses unbändige Geräusch hervorbrachte, war uns allen schleierhaft. Es klang grotesk und fremd und im Scherz sagten wir, man müsse wohl einen Kätzchenexorzisten zu Rate ziehen.
Nelson ließ sich davon jedoch nicht beirren und buhlte beharrlich um ihre Gunst. In der Tat schaffte er es nach wenigen Tagen, die Kindkollegin mit seiner guten Laune zu bezirzen und sie von seinen Beschützerqualitäten, na ja, eher seinen Nehmerqualitäten, zu überzeugen.
Er musste nämlich viel einstecken. Am Futternapf verstand sie überhaupt keinen Spaß. Eisern beharrte sie auf ihrer Portion, vor allem bei rohem Rindfleisch, das ich in klitzekleine Bröckchen schneiden musste, knurrte sie wie ein grimmiger Wildhund und verteidigte ihren Napfinhalt aufs Schärfste.
Ansonsten wurden die beiden schnell zu einem Herz und einer Seele. Spielen und schlafen, das ging kaum getrennt. Für uns alle war das eine tolle Erfahrung, einschließlich Betty und Mimulus, da die beiden Kleinen sich in der Regel genug waren und die Altkatzen dadurch weniger belästigt wurden.
Trotz dieser positiven Entwicklung zogen die beiden großen Damen erstmal wieder aus und hausten lieber auf der Hollywoodschaukel, wie einst beim Einzug von Nelson, dem Ersten.

Unbefriedigend war nach wie vor die Namensfindung. Entweder gefiel der Rufname meinem Mann nicht oder mir nicht mehr.

Aus Missy wurde nun Maja , daraufhin liebäugelte ich mit Malibu.

Doch auch diese Namen waren nicht von Dauer und mein Hirn ratterte unentwegt auf der Suche nach der richtigen Anrede für die entzückende Maus.

Wortneuschöpfungen sind eine Leidenschaft von mir. Obwohl meine geliebte Boo schon vor Jahren verschwunden war, hatte ich sie natürlich nie vergessen. Da verknüpften meine grauen Zellen Missy über Maja und Malibu mit der verschwundenen Boo.

Angelehnt an das Englische Boo-Li-Boo war auf einmal war alles klar! Bullibu!

Ja, das fühlte sich richtig an.

Endlich hatte alles seine Ordnung und die Tiere konnten sich ein für allemal an ihre Rufnamen gewöhnen.

Betty, Mimulus, Nelson (der Zweite) und Bullibu.

Vier Schätzchen hatten wir nun zu füttern, zu bespaßen und vor allem zu lieben.

All das machte viel Freude und nicht wenig Arbeit. Die Kleinen wollten eingewöhnt und erzogen werden, die Großen nicht vernachlässigt.

Wer ein bisschen Erfahrung mit Katzen hat, weiß um die Eigenarten derselben. Bereits mit einer einzigen Fellnase gibt es viel zu beachten. Bei vieren multipliziert sich das natürlich entsprechend. Ganz zu schweigen von den Beziehungen – oder auch Nichtbeziehungen – untereinander. Nelson mochte mit allen, Bullibu nur mit Nelson, Mimulus lediglich mit Betty und Betty nur mit sich selbst.

Futtervorlieben, Kraulstellen, Spielticks. Unendliche Kombinationen bildeten sich dadurch. Die erste Zeit war intensiv auf allen Ebenen. Von schön bis anstrengend war alles dabei. Irgendwie kam mir das bekannt vor.

Konsequenz, Geduld und Liebe sind die Stützpfeiler guter Erziehung. Davon benötigten wir vollauf. Es war mit Vieren deutlich aufwändiger als mit der vorangegangenen Dreierkombi.

Hilfssheriff Mimulus ließ sich selbstverständlich die Jagdausbildung der Neuen nicht nehmen.

Diesem speziellen Thema gebührt extra Platz im nächsten Kapitel.

Bullibu war noch ein richtiges Baby, ein Säugling im wahrsten Sinne des Wortes. Sie war so unwahrscheinlich klein und eine richtige Sozialisierung hatte bedauerlicherweise nicht stattgefunden. Also versuchten wir, sie emotional nachzunähren und zwar gelang uns das mit Hilfe eines der berühmten Flauschschals meiner Schwester.
Diese kuschelige Wolle, die bereits Betty hingebungsvoll zum Kneten benutzte, wurde auch zu Bullibus Favorit. Sie mochte nicht gerne hochgenommen werden, aber wenn man ihr den Schal unterschob, dann gab es kein Halten mehr. Knetend und schnurrend vergrub sie ihr zartes Köpfchen darin und saugte hingebungsvoll in den wolligen Fasern. Mindestens eine halbe Stunde dauerte so eine Sequenz, was ich im Übrigen sehr genoss, da dieses Kätzchen ansonsten keine große Schmusemaus wurde. Obwohl, ins Bett kam sie auch gerne mitten in der Nacht, wenn Bettys Plätzchen mal verwaist war. Dann ließ sie sich – nur in der Finsternis – die Unterbuchse kraulen ohne Rücksicht auf Verluste. Als Babymieze tastete mein Mann sie behutsam im Dunkeln ab, um festzustellen, wo vorne und hinten war. So miniklein war sie anfangs.
Selbst noch als erwachsene Katze grollte sie tief beim Hochnehmen, wehrte sich aber weder mit Kratzen oder Beißen. Setzte man sie auf den Boden, floh sie auch nicht. Sie blieb einfach stehen und guckte treuherzig. Einzig und allein, wenn ich sie kopfüber, ja ihr lest richtig, mit dem Kopf nach unten hängend, hochnahm, blieb sie ruhig. Kein Grollen, nur Stille. Dafür hatte ich neun Pfund sanften Treibsand in den Händen, die mir lautlos entglitten.
Was liebte ich dieses sanfte, eigenbrötlerische Kätzchen!
Ihr nachtschwarzes Fell war von einer solchen Dichte, dass im Fellwechsel ein deutlicher Haarkranz auf den Fliesen zu sehen war, wenn sie eine Weile dort lag – bevorzugt auf dem Rücken, alle viere von sich streckend. Die üppige Bepelzung an den Hinterläufen erinnerte stark an ein weiches, puscheliges Wollhöschen.
Zudem verglichen wir sie mit einem Hammerhai.
Am Mäulchen, sozusagen über der Oberlippe, genau die Stellen, aus denen die Schnurrhaare sprießen, das war echt Britisch-Kurzhaar-Style. Wie zwei dicke samtige Kissen wölbten sich die Erhebungen rechts und links vom Näschen, versehen mit langen schwarzen Tasthaaren.

Klar, ein Hammerhai hat selbstverständlich keine Haare und die Ausbuchtungen am Kopf beherbergen natürlich seine Augen. Trotzdem: Uns gefiel dieses Bild und so wurde sie Prinzessin Bullibu – Hammerhai mit Wollhose.

Bullibus' Kinderfreund, Nelson der Zweite, war auch unglaublich süß und dem Ersten in vielen Dingen ähnlich. Die merkwürdige Sache mit dem wiederholten Nabelbruch erwähnte ich bereits. Charmant wie vor, kümmerte er sich um seine neue kleine Freundin, aber er war nicht mehr so hyperaktiv wie die Erstausgabe. Außerdem bandelte er nicht mehr mit Betty und Mimulus an. Die beiden jungen Katzen waren sich genug. Insgesamt war Nelson um einiges ruhiger geworden, worüber ich nicht böse war, denn die Viererrasselbande hielt uns ohnehin genug auf Trab. Wenn ich im ersten Stock im Bad war, musste ich immer mit ihm aus dem Dachfenster gucken, das war das kleine Ritual mit beiden Katern, die Mädels hatten allesamt kein Interesse an diesem Ausblick.
Sein rabenschwarzes Fell wies dieses Mal einen kleinen, aber deutlichen weißen Brustfleck auf. Der Erste hatte lediglich ein paar weiße Latzhaare. Was mich wirklich mehr als vermuten ließ, ihn für die Reinkarnation zu halten, war folgende Geschichte. Der Zeitpunkt, an dem die Kitten den Garten erkunden durften, war bereits zwei Wochen nach ihrer Ankunft. Ein wunderbarer warmer Sommertag sagte mir, jetzt wäre es genau richtig, von den sechs Wochen Stubenarrest hatte ich mich längst verabschiedet. So folgte ich meiner inneren Stimme und öffnete die Terrassentür.
Mit großem Vergnügen beobachteten wir Nelson und Bullibu, wie sie neugierig den Vorgarten auskundschafteten. Sie blieben nah beieinander und schnupperten sich durch die unbekannte Welt. Es war verzaubernd, ihnen zuzusehen. Etwa eine halbe Stunde waren die kleinen Entdecker schon unterwegs, als ein Zug vorbeifuhr. Sehen konnten sie ihn wegen der Hecke nicht, doch hören. Bullibu war vollkommen unbeeindruckt. Das mehr oder weniger laute Geräusch störte sie überhaupt nicht.
Doch für Nelson war das Dröhnen katastrophal. Es versetzte ihm einen solchen Schreck, dass er panisch ins Haus türmte und sich zitternd im Wohnzimmer unter dem Sofa versteckte.
Tja, seine vorherige Ausgabe wurde durch die Eisenbahn getötet und es wäre durchaus möglich, dass diese Erinnerung, die noch nicht lange her war, in ihm so stark nachwirkte.

Am zweiten Mai starb er und am zehnten Mai wurde er wieder geboren. Es dauerte eine gute Weile, bis Nelson die Zuggeräusche nicht mehr irritierten.

Im Laufe der Zeit gewöhnten sich alle vier Katzen gut aneinander. Zwar wurde es nie mehr so harmonisch und innig wie mit der brüderlichen Dreierbeziehung und dem ersten Nelson, doch für eine solch willkürlich zusammengestellte Truppe konnte man durchaus zufrieden sein. Alle konnten gleichzeitig und nebeneinander gefüttert werden, da gab es kein Knurren oder Fauchen. Miteinander kuscheln war zwar nicht, aber mit geringem Abstand lagen sie entspannt auf ihren Plätzen.
Besonders lustig war es, wenn uns alle vier auf einem Spaziergang über die Wiesen begleiteten. Sie hüpften um uns herum wie kleine Geißböckchen. Im Winter nutzten wir beim abendlichen Fernsehen die Werbepausen, um ein paar Mal ums Haus zu laufen. Ich, mit einer Wollfadenangel voraus, auf die Mimulus und Nelson sofort folgten, während Betty und Bullibu die Schlusslichter bildeten. Außerdem legte mein Mann im Schnee wieder die beliebten Labyrinthgänge an, wo sich alle verstecken, einander auflauern und jagen konnten.

Zwei Kleine und zwei Große.
Zwei mal zwei ist vier.
Vier Mal Katzenglück.

24 – Jagdgeschichten

Mimulus ließ es sich selbstredend nicht nehmen, die Kleinen in der Jagderziehung zu schulen. Abgesehen davon hatte ich dazu weder Lust noch Ahnung davon.

Am Liebsten wäre mir ein Ausfallen dieses Unterrichts gewesen.

Doch Mimulus war unerbittlich. Diensteifrig brachte sie Mäuslein, um Nelson und Bullibu direkt an die Beute heranzuführen. Katerchen war voll begeistert und fleißig bei der Sache, Kätzchen war Gott sei Dank eher teilnahmslos. Je älter die Schüler wurden, desto lebendiger wurde das Anschauungsmaterial, im wahrsten Sinne des Wortes.

Bullibus' mageres Interesse an den Lehrobjekten hatte zur Folge, dass es ab und an zu Lebendbegegnungen im Haus kam, da sie die von Tante Mimi angebrachten Mäuse gleichgültig übersah.

So kam es nicht nur einmal vor, dass ich am Frühstückstisch sitzend aus dem Augenwinkel bemerkte, wie etwas durch die Küche huschte. Bei genauerem Hinsehen waren es tatsächlich die Überlebenden. Entweder die, die es geschafft hatten, der Jagd zu entkommen oder die, die von Bullibu saumselig sich selbst überlassen wurden.

Vollkommen ungeniert labte sich eine Maus vor meinen Augen genüsslich am Trockenfutter der Katzen, um dann voll gefressen hinter unserem Kühlschrank zu verschwinden wo sie sich bereits häuslich eingerichtet hatte. Die Kündigung des ordnungswidrigen Mietverhältnisses wurde sofort ausgesprochen und die Zwangsräumung folgte stante pede.

Nun durfte Mimulus selbst Hand, besser gesagt Maul anlegen!

Ich zog den großen Kühlschrank, dieser hatte Rollen, raus. Die Mäusemeisterin sichtete das feiste Opfer mit ihrem Adlerblick, packte zielsicher zu und verschwand damit nach draußen. Wenigstens brauchte ich mich dieses Mal nicht um die Entsorgung zu kümmern.

Ein anderes Mal lag ich schläfrig im Bett und war bass erstaunt, was sich mir denn nun schon wieder für eine Erscheinung bot. Blinzelnd glotzte ich im Dunklen auf den Vorhang.

Da bewegte sich doch was!?!

Meine Pupillen weiteten sich und fixierten nun gebannt den verdächtigen Fleck, der auf etwa einem Meter Höhe am Vorhangsaum waberte. Endlich konnte ich das schemenhafte Etwas identifizieren. Es war eine kleine Maus, die dort nächtliche Turnübungen exerzierte!

Benebelt stand ich auf, um sie von dort zu entfernen. Das wollte aber das Mäuslein nicht und es hopste von alleine auf den Boden, um die Flucht zu ergreifen.

Da ich keine Lust hatte, um ein Uhr nachts als Räumtruppenkommando hysterisch durch unser Schlafzimmer zu preschen und meinen Mann zu wecken, öffnete ich lediglich die Balkontüre. Sollte sich die Maus doch selbst wegschaffen.

Im ersten Stock gab es keine Futterquellen für Nager, so würde sie entweder über den Balkon desertieren oder über die Treppe ins Erdgeschoss. Es kam öfter vor, dass ich von den Stufen Flüchtlinge aufsammelte, die ich natürlich lebend ins Freie entließ. Mit der Zeit eignet man sich Fähigkeiten und Techniken an, die eine hohe und schnelle Fangquote garantieren. Dabei kann ein großer Sahnebecher in Kombination mit einem Pfannenwender für solche Begebenheiten äußerst hilfreich sein.

Mimulus meinte es nicht nur gut mit den Kleinen, sondern auch mit mir. Es war ihr mittlerweile wohlbekannt, dass ich nicht auf Lebendbeute stand. Deswegen legte sie mir von Zeit zu Zeit eines ihrer geliebten Bällchen oder ein delikates Mäuslein in meinen Fernsehsessel. Ihrer Meinung nach hatte ich nun etwas zum Spielen oder zum Naschen.

Vielleicht wollte sie mich einfach vom Chipsessen abhalten.

Auf den Platz meines Mannes legte sie nie etwas.

Offensichtlich hatte er so etwas Feines nicht verdient.

Nelson wurde demnach von ihr ausgezeichnet ausgebildet und lieferte in einer Tour Viehzeug. Im Gegensatz zur ersten Nelson-Ausgabe legte er seinen Fang in der Regel nicht ganz so unappetitlich ab. Vornehmlich wurde nun der Garten mit Leichen oder deren Resten dekoriert, gerne auch der Hausgang oder eine Stelle unter der Eckbank. Auf den Fliesen war mir die ganze Sache ziemlich wurscht, da funktioniert eine Reinigung relativ simpel.

Trotzdem möchte ich nicht mit einer fluoreszierenden UV-Lampe im Dunklen dort rumleuchten. Wahrscheinlich sieht es bei uns aus wie in einem TV-Tatort nach einem Massenmord. Man kennt die Bilder mit der Lampe und den leckeren Spuren ja nur zu gut.

In einem früheren Kapitel erwähnte ich bereits die unterschiedlichen Aggregatzustände der Erbeuteten und die damit verbundene, unbeliebte Teppichvariante.

Wie gesagt, meist hielt sich unser Kater daran, Geschenke aushäusig abzulegen.

Doch einmal war es anders und ich checkte das ewig nicht.

Bebis ehemaliges Zimmer war längst zum Multifunktionsraum umstrukturiert – Gästezimmer, Fernsehausweichraum und nicht zuletzt zu einer Schreibstube. Der größte Teil dieses Buches wurde dort in die Tastatur geklopft. Viele Stunden saß ich daselbst am Schreibtisch.

Eines schönen Abends bemerkte ich einen unangenehmen Geruch, als ich mich gerade zum Schreiben niederlassen wollte. Meine Witterung konstatierte allerdings Pipimief, denn leider hatte eins der beiden Kleinen, also Nelson oder Bullibu, in letzter Zeit das Katzenklo zwei, drei Mal verfehlt.

So schloss ich aus dieser Erfahrung, dass es wohl wieder eine solche Verfehlung sein müsse.

Also ab auf die Knie, runter auf den Teppich und nach der feuchten Stelle gesucht. Doch trotz intensiver Nachforschung wurde ich nicht fündig. Alles war trocken, der Mief indes blieb hartnäckig. Dieses Spiel spielte ich ein paar Tage erfolglos weiter. Da wir schönes Wetter hatten, war die Balkontür zum Lüften immer geöffnet und jeden Tag schrieb ich ja nicht. Räucherstäbchen waren selbstredend auch im Einsatz.

Irgendwie schaffte ich es, die Geschichte eine Weile zu ignorieren.

Leider wurde das Wetter schlechter und die Lüftungsmethode funktionierte nicht mehr. Mittlerweile hatte sich der Mief zum Gestank entwickelt und war echt grausam.

Da! Eine schick schillernde Fleischfliege! Igittigitt!

Tief brummend war sie unter dem Bett herausgeflogen. Jetzt schwante mir Übles.

Mit gerümpfter Nase kniete ich nieder, um einen Blick dorthin zu riskieren.

Waaaah, nun war alles klar!

So was Widerliches hatte ich selten gesehen.

Eine – mittlerweile teilmumifizierte – Ratte lag stocksteif mit angewinkelten Beinchen auf dem Rücken. Ihr Gesicht mit dem offenen Maul und den hervorstehenden Nagezähnen starrte mich verstörend an wie die Figur auf Edvard Munchs Gemälde „Der Schrei".

Als Bayer bleibt da nur zu sagen:

„Ja mi leckst am Arsch, a so wos greisligs!"

Das Vieh sah so abscheulich aus, dass die Greifzange mir allein nicht reichte, obwohl ich nach so vielen Funden schon ziemlich hartgesotten war. Als Zwischenlage fummelte ich mit spitzen Fingern zusätzlich eine Plastiktüte über den Kadaver und entfernte diesen dann angewidert. Vom Tatort reinigen will ich gar nicht reden.

Katzen sind Erfolgsmodelle der Evolution.

Wenn sie sich keinen Dosenöffner als leibeigenen Sklaven halten, dann fangen sie eben alles, was sie erwischen. Tatsächlich sind es bei der Hauskatze bis zu eintausend verschiedene Beutetiere. Von Insekten, Spinnen, Vögeln, Eidechsen, Blindschleichen sowie sämtlichen Nagern bis hin zu Fröschen und Fischen kann alles dabei sein.

Für das Überleben der Katze ist das von Vorteil, für die Opfer natürlich nicht. Hinzu kommt, dass ausreichende Fütterung den Jagdtrieb leider kaum bremst. Unsere Katzen bekommen reichlich zu essen, aber wie es in einem alten Sprichwort heißt:

„Die Katze lässt das Mausen nicht" und im nächsten Fall auch nicht das Fischen.

Frau Weber, unsere Nachbarin, hatte einen kleinen, liebevoll angelegten Gartenteich mit vielen hübschen Goldfischen.

Klar, dass unsere Mimulus das äußerst interessant fand.

Vermeintlich unbeobachtet ließ sich das kleine Luder auf einem großen flachen Stein am Ufer nieder und tauchte ihre Pfote wie eine Angelrute unter Wasser. Geduldig und still wartete sie, bis die Fische ein paar gemütliche Runden durch das Gewässer zogen. Dann schlug sie treffsicher zu. Offenbar war sie sehr erfolgreich. Frau Weber beobachtete sie oft aus ihrem Küchenfenster. Sonst wüsste ich ja nichts davon. Jedenfalls dezimierte Mimulus den Goldfischbestand von über vierzig Exemplaren auf unter zehn. Kleine Fischlein verspeiste sie noch vor Ort, als ‚Fisch to go'. Größere Oschis fand ich bei uns im Garten. Sie waren ihr zu hart zum Verzehr. Natürlich bot ich den Nachbarn an, mich um fischigen Nachschub zu kümmern, den Verlust zu ersetzen, was jedoch dankend abgelehnt wurde, mit dem Argument, die würden sich genug von selbst vermehren. Einmal half ich trotzdem nach, allerdings unbeabsichtigt, wovon ich erst einige Zeit später erfuhr.

Sonntags ausschlafen, das ist etwas, was die meisten Menschen anstreben, so auch wir.

Um vier Uhr schmeißt einen mal die volle Blase aus dem Bett, doch danach lässt es sich in der Regel wieder entspannt weiterschlafen. Dieses Mal sollte das nicht gelingen.

Nach einem befreiendem Toilettengang setzte ich mich auf den Bettrand und wollte mich gerade wieder in die Federn fallen lassen. Da nahm ich im Halbdunkel zu meinen Füßen ein frisch abgelegtes Geschenk wahr.

Wunderbar, eine Maus. Ja vielen Dank auch. Eindeutig Mimulus' Handschrift.

Also wieder auf die Beine, ab in den Gang, Greifzangeneinsatz.

Balkontür auf, Maus raus über die Brüstung, Flugeinsatz. Zange wieder aufräumen.

Zurück ins Bett.

Man ist einiges gewöhnt und schläft wieder ein.

Da! Wieder ein Geräusch! Was denn nun noch?

Ich hatte die Balkontür nicht richtig geschlossen und der Griff derselben zeichnete sich hinter dem dicken Vorhang ab, was Bullibu als anziehendes Spielobjekt empfand. Sie hüpfte immer wieder daran hoch und mein Schlummermodus wurde dadurch empfindlich gestört.

Wiederum sprang ich auf, dieses Mal schon etwas genervter, und schloss die Balkontür komplett. Erneuter Einschlafversuch.

Fünfzehn Minuten Ruhe. Aaah, herrlich. Augen zu, träumen…

Denkste!

Ein schmatzendes Geräusch riss mich aus meinem Wegsacken.

Wer putzte sich denn nun so unappetitlich? Bestimmt Mimulus, das konnte sie echt gut!

Erneut setzte mich im Bett auf, sah aber keine Mimi.

Dafür erspähte ich nun neben meinem Nachtkästchen etwas ganz Ausgefallenes.

Einen Goldfisch!

Na super! Den musste sie eben abgelegt haben.

Greifzangeneinsatz der Zweite. Ab in den Gang, Zange geholt, zurück zum Tatort, nein zum Fundort, und sich des Fischs ermächtigt.

Mittlerweile war es auch für meinen Mann vorbei mit ausschlafen. Während ich den Goldfisch an der Zange balancierte, berichtete ich dem Gatten, dass sich dieser Wasserbewohner noch ganz weich anfühlt, im Gegensatz zu den bisher aufgefundenen, verhältnismäßig harten Exemplaren.

Es war Sommer und inzwischen schon ziemlich hell geworden, sodass ich den Fisch nun recht genau mustern konnte.

„Hilfe!!! Der schnappt ja nach Luft! Der lebt ja noch!"

Das schmatzende Geräusch kam nicht von einer sich putzenden Katze, sondern von einem nach Luft schnappenden Fisch!

Geistesgegenwärtig sprintete ich mit dem armen Schuppenvieh ins Bad, zerrte den kleinen Putzeimer unter dem Waschbecken hervor und ließ in diesen frisches Wasser ein. So schnell wie möglich verfrachtete ich Goldi ins lebenserhaltende Nass.

Lange hätte er es sonst nicht mehr gemacht.

Mimulus war bestimmt wieder in Webers Teich fischen und hatte das bedauernswerte Opfer über deren und unser Grundstück, sowie Katzenklappe, Heizraum, Gang, Esszimmer, Treppe, Flur im ersten Stock bis an mein Heiabetti gezerrt. Was für ein Ausflug. Eine Alpenüberquerung ist lächerlich dagegen!

Und welch' Wunder, dass er überhaupt noch lebte.

So schlüpfte ich um fünf Uhr morgens schlecht und recht in irgendwelche Klamotten, marschierte mit dem Fisch im Eimer den ganzen Weg zurück und schüttete den glitschigen Burschen zu seinesgleichen in den Tümpel. Puh! Der hatte noch mal Glück gehabt.

Frau Weber sagte ich um diese Uhrzeit natürlich nichts.

Über die Zeit vergaß ich das Ereignis fast. Es war auch nicht von Belang.

Wochen später hielt ich mit Nachbar Schröder, der, der Sepp immer von der Einfahrt geklaubt hatte, einen Zauntratsch. Wir erzählten uns Katzengeschichten und amüsiert berichtete ich ihm von Mimulus' Fischfangepisode mit dem Happy End in Webers Teich, an die ich mich nun wieder erinnerte.

Schröder grinste auf einmal sehr breit. Fragend sah ich ihn an.

Auch er hatte einen kleinen Fischweiher, was ich bis dato gar nicht wusste, weil dieser sich auf der Rückseite seines Hauses befand.

Tatsächlich musste Mimi den Fisch bei ihm und nicht bei Webers gemopst haben, denn Schröder fehlte definitiv einer und ich hatte seinen Fisch in fremdem Gewässer ausgewildert.

Was sich in dem kleinen Goldfischköpfchen nach diesem weit gereisten Abenteuer abspielte, das hätte mich echt interessiert.

Auch dieser fischdezimierte Nachbar verzichtete auf mein Angebot, ihm Ersatz zu kaufen.

Deswegen sei an dieser Stelle ein herzliches Vergelt's Gott und großes Dankeschön an unsere toleranten und verständigen Nachbarn ausgesprochen, denen die Minitiger den ein oder anderen Schaden zugefügt haben. Angefangen von stinkenden Würsteln in Gemüsebeeten, verpinkelten Treppen bis hin zu stibitzten Goldfischen und was sonst noch, von dem wir vielleicht gar nichts wissen. Als kleine Gegenleistung halten die Jägerinnen und Jäger die Gegend immerhin einigermaßen von Wühlmäusen und anderen Nagetieren frei.

Und so sehe ich gespannt und neugierig in die Zukunft, welche wundersamen, kuriosen oder witzigen Begebenheiten ich mit meinen treuen, felligen Begleitern noch erleben darf.

25 – Nachwort

Seit dreißig Jahren führe ich einen tagebuchartigen Merkkalender, der seinen festen Platz an der Wand in unserem Esszimmer hat. Während des Schreibens griff ich gelegentlich auf diese Erinnerungshilfe zurück. Das Durchlesen derselben versetzt mich häufig in Erstaunen oder mir wird gar schwindlig. Manchmal bekomme ich das Gefühl, drei Leben auf einmal gelebt zu haben. Da war echt viel los in diesen Jahrzehnten.

Zahlreiche Tiere fanden sich an meiner Seite, mal flüchtiger und mal dauerhafter.

Und so besteht jede Existenz aus Begrüßungen, einem mehr oder weniger langen Verweilen und unbestimmten Aussichten auf ein Wiedersehen, ob in diesem oder einem anderen Leben. Deswegen ist es so unglaublich wichtig, die Zeit, von der wir nicht wissen, wie lange sie für jeden Einzelnen währt, zu nutzen.

Dinge zu tun, die einem wichtig sind.
Träume zu verwirklichen.
Dankbar zu sein für das, was man hat und nicht gram, wegen der Dinge, die man nicht hat.

Ich bin zutiefst dankbar für jedes Tier, das mich auf meinem Weg begleitete und begleitet.
So viel durfte und darf ich von ihnen lernen.
Unauslöschlich haben sie sich in meine Seele gebrannt, viel mehr als manche Menschen.

Frei nach dem Motto von Loriot.
Ein Leben ohne Tiere ist möglich, aber sinnlos.

26 – Glossar

Behang	Langhaar wie Mähne, Schweif und die Haare an den Beinen eines Pferdes
Hanken	Hüft-, Knie- und Sprunggelenk des Pferdes
Horsemanship	Reitkunst, artgerechte Haltung sowie fairer Umgang mit Pferden und Mitreitern
Kruppe	Kreuz des Pferdes
Longe	Sehr lange Leine, mit der Reitlehrer und Pferd verbunden sind, zur Sicherheit für den Schüler während der ersten Reitstunden
Oxer	Hindernis beim Springreiten, das aus Stangen besteht
Schmiss	Von einer Auseinandersetzung herrührende Narbe im Gesicht
Trumm	Bairisch für ‚großes Teil'
Volte	Kleiner Kreis – Bahnfigur aus dem Reitsport